高等教育机工类"十四五"精品规划教材

智能制造系统工程实训

主编 常 青

天津大学出版社
TIANJIN UNIVERSITY PRESS

图书在版编目(CIP)数据

智能制造系统工程实训 / 常青主编. --天津：天
津大学出版社，2021.9
高等教育机工类"十四五"精品规划教材

ISBN 978-7-5618-7032-7

Ⅰ.①智… Ⅱ.①常… Ⅲ.①智能制造系统-高等学
校-教材 Ⅳ.①TH166

中国版本图书馆CIP数据核字(2021)第182252号

出版发行	天津大学出版社
地　　址	天津市卫津路92号天津大学内(邮编:300072)
电　　话	发行部:022-27403647
网　　址	www.tjupress.com.cn
印　　刷	廊坊市瑞德印刷有限公司
经　　销	全国各地新华书店
开　　本	185mm×260mm
印　　张	15.25
字　　数	381千
版　　次	2021年9月第1版
印　　次	2021年9月第1次
定　　价	45.00元

编委会

前　言

本书是以教育部颁布的《工程材料及机械制造基础课程教学基本要求》和重点高等工科院校《工程材料及机械制造基础系列课程改革指南》中"机械制造工程实训课程改革参考方案"为依据,并结合教育部新工科建设发展战略,本着实用、精练、提升的原则,为满足新时期培养高级工程技术人才的要求编写而成的。

制造业是立国之本、兴国之器、强国之基。进入新时代,国务院发布的《中国制造2025》将制造强国战略上升为国家战略。要发展先进制造业,就必须培养出足够多优秀的具有强大动手能力的制造业人才。机械工程实训是高等工科院校众多专业,尤其是工科专业的一个重要的实践性环节,对提高制造业人才动手能力具有重要作用。通过本书的学习,使学生了解机械制造的一般过程,熟悉典型零件常用成型方法及其所用设备,了解现代制造技术在机械制造中的应用,具备在主要工种上独立完成简单零件制造的实践能力和对简单零件选择成型方法和进行工艺分析的初步能力。同时,通过综合训练促使理论知识和实践技能融合,并以此为基础进行创新实践训练,进而培养学生初步的创新意识和创新能力。

本书参考了目前国内部分高等学校对机械工程实训的教学要求,同时结合长期积累的大量教学经验以及本科教学水平评估工作的成功实践,为适应卓越工程师计划及满足新工科实践项目教与学的要求而编写。在本书编写过程中,注重"工程材料及机械制造基础"课程的分工与配合,同时合理安排各工种模块化实训和优选教材内容,并提出"实训准备—现场准备—思考延拓"的开放式实训报告模式。全书共5篇,包括毛坯制作、钳工、机加工、数控编程与加工、特种加工。

本书由天津商业大学常青任主编,天津商业大学张海军任副主编,参加编写工作的还有天津商业大学乔志霞、王东爱、赵倩等。

限于编者的水平和经验,书中难免有不足之处,敬请广大读者批评指正。

编　者

2021 年 6 月

目　　录

绪论

工程实训以机械、电子、计算机、机器人、管理一体化为核心，以综合性、实践性、开放性为特点。智能制造系统工程实训注重培养学生的工程实践能力及创新能力，在教学上努力摒弃单一的车、钳、铣、刨等技能训练，尽量多地安排以任务目标驱动为主的大作业式综合训练。根据制件的材料、形状、批量、进度、最终表面要求以及训练中心的实际条件分组设计合理的加工工艺。学生在实训过程中同时兼任工程技术人员和现场操作工双重角色，以此来培养学生的创新精神、协作能力、成本控制意识以及专业素质。

但这种训练必须以学生具有一定的专业知识和技能为基础，也就是说，当学生最初进入工厂时是不能立即进行这种工程实训的，在进行这种工程实训之前，学生必须有一定的工程知识，如机械制图、公差配合等知识储备，并对常用的机床有一定的了解和有初步的实践知识。因此，有条件的院校可以进行两次实训，实训一主要以认识机床和掌握基本技能为主；实训二进行以目标为驱动，小组讨论协作的专业综合训练。

金属加工、建筑、运输、冶金、石油、化工、纺织、食品等各行各业都离不开机械，机械制造所用的材料已从传统的金属材料扩展到非金属材料、复合材料等各种工程材料，机械制造的工艺技术已超出传统金属加工的范围。现代机械往往是按图 0.1 所示过程制造。作为工程技术人员，对机器生产的常用材料、生产过程、工艺方法以及常用生产设备等都应具有一定的基础知识，以便在设计、使用、维修、管理等方面能与生产技术更好地结合起来，发挥设备的最大效益。所以，工程实训是很多工科专业不可或缺的基础环节。

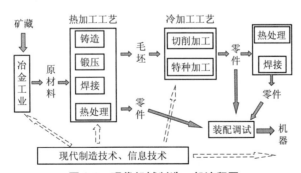

图 0.1　现代机械制造一般流程图

一、工程实训的目的

目前，机械类、近机械类专业的工程实训主要包括车工、铣工、刨工、磨工、铸造、锻压、焊接、数控加工、特种加工、机电控制、材料处理等一系列工种的实训教学，学生通过工程实训可以在以下几方面得到收获。

（1）了解机械制造的一般过程，熟悉机械零件的常用加工方法及其所用的主要设备和重要附件的工作原理及典型结构，掌握工具、夹具、量具的使用以及安全操作技术。

（2）对简单零件具有选择加工方法和进行工艺分析的能力，并在主要工种上具有操作实训设备完成作业件加工制造的实践能力。

（3）培养质量和经济观念、团体协作素质、理论联系实际的科学作风以及遵守安全技术操作规程、热爱劳动、爱护国家财产等基本素质；培养工程素质，提高工程实践能力；培养对工作一丝不苟、认真负责的作风和吃苦奉献的精神，以满足社会对高素质、应用型工程技术人才的需求。

工程实训是离开课堂的另一种学习方式，是把学生放在大工程背景下，逐步培养他们的质量、安全、协作、市场、环境、社会、创新意识，不是进行学徒工的培养和完成一般的劳动，而是培养高技能型人才的工业技术基础训练。学生应按实训要求，认真实训，通过观察、操作、思考和讨论，把感性认识提高到理性认识，并在理性认识的指导下正确实践，以达到实训的目的和要求。

工程实训是一门实践性的技术基础课，是工科教学计划中的重要环节，也是培养工程技术人员的基础技术训练之一，是工科机械类课程的重要组成部分。

工程实训是学生学习机械制造系列课程必不可少的选修课，也是获得机械制造基本知识的必修课。通过学习和操作技能训练，可以使学生获得机械加工的基本知识和具备较强的动手能力，为后续课程的学习打下良好的基础。

工程实训是专业学习过程中一个重要的实践性教学环节，可以使学生获得工程实践的训练，使学生接触毛坯和零件加工的全过程，获得材料及其加工的感性认识，初步学会某些工种的基本操作方法，并具备使用有关设备及工具的能力。通过实践操作训练，促使学生将有关的基本理论、基本知识、基本方法与实践有机地结合在一起，为今后从事机械设计与制造工作奠定初步的实践基础，提高综合职业能力。

工程实训的主要任务是让学生接触和了解工厂生产实践，弥补实践知识的不足，增加工艺技术知识与技能，加深对所学专业的理解，培养学习兴趣。通过工程实训，培养学生理论联系实际、一丝不苟的工作作风，使学生受到工程实际环境的熏陶，综合素质不断得到提高。通过本课程的学习和操作训练，学生应能够掌握本专业的基本操作技能，能够正确使用一般机械设备，常用附件、刀具和量具，能根据零件图样和工艺文件进行独立加工。本课程旨在提高学生的综合职业素养和社会适应能力。

学生在工程实训期间，应了解金属材料的性能与机械加工的基本工艺和操作规程，特别要认真听取指导教师的讲解，注意观察指导教师的示范操作，注意模仿操作姿势和熟记动作要领，然后通过自己不断练习掌握操作技能。在工程实训中，学生要始终保持高昂的学习热情和求知欲望，敢于动手，勤于动手；遇到问题时，要主动向训指导教师请教；要善于在实践中发现问题，勤奋钻研，使自己的实践动手能力得到提高。

二、工程实训的教学要求

工程实训是工科专业学生在大学学习阶段中一次较集中、较系统、全方位的工程实践训练，是加强实践能力培养和开展素质教育的良好课堂，它在培养适应 21 世纪要求的高素质工程技术人才的过程中具有其他课程难以替代的作用。学生在工程实训过程中，一方面参加有教学要求的工程实践训练，弥补过去在实践知识上的不足，增加在大学学习阶段所需要的工艺技术知识与技能；另一方面通过生产实践接受工程实际环境的熏陶，增强劳动观念、集体观念、组织纪律性和敬业爱岗精神。

通过工程实训和本书的学习，要达到如下目标。

（1）熟悉常用金属材料的性能和主要加工方法，了解现代机械制造的一般过程和基本知识，熟悉机械零件的常用加工方法及其所用到的主要设备和工具，了解新工艺、新技术、新材料在现代机械制造中的应用。

（2）对毛坯制造和零件加工的工艺过程及工艺技术有一定了解，对简单零件具备选择加工方法和进行工艺分析的初步能力，在主要工种方面能独立完成简单零件的加工制造，并培养一定的工艺实验和实践的能力。

（3）具有使用常用机械加工设备和工具的初步能力，可独立操作完成一般零件的加工制造。

学生在实训期间要同时注重学习操作技能和工程技术知识，学会在实践中通过观察、对比、归纳、总结等方法进行学习，培养独立学习和工作的能力，奠定工程师应具备的知识和技能基础。

三、工程实训的纪律与安全要求

在工程实训过程中要进行各种操作，加工各种不同规格的零件，因此常要开动各种生产设备，操作机床、砂轮机等。为了避免触电、机械伤害等工伤事故，在实训过程中必须严格遵守工艺操作规程，努力做到文明安全实训。在工程实训中，学生需自觉遵守的具体规则如下。

（1）严格执行安全制度，进车间必须穿好工作服，女生戴好工作帽，将长发放入帽内，不得穿高跟鞋、凉鞋。

（2）遵守劳动纪律，不迟到、不早退、不打闹、不串车间、不随地而坐、不擅离工作岗位，更不能到车间外玩耍，有事请假。

（3）专心听讲，仔细观察，做好笔记，尊重指导教师，独立操作，努力完成各项实训作业。

（4）操作机床时不准戴手套，严禁身体、衣袖与转动部位接触，正确使用砂轮机，严格按安全规程操作，注意人身安全。

（5）遵守设备操作规程，爱护设备，未经指导教师允许不得乱动车间设备，更不准乱动开关和按钮。

第一篇　毛坯制作

概述

毛坯是指根据零件所要求的工艺尺寸、形状而制成的坯料,需进一步加工,以获得成品零件。常用的毛坯除型材外,主要有铸件、锻件、冲压件和焊接件。

一、毛坯生产方法

获得毛坯的生产过程就是毛坯生产。毛坯生产工艺主要有铸造、锻造、冲压、焊接等。当用这些方法生产的制品的精度、表面质量满足需要时,也可以直接作为零件成品使用。

铸造是指将熔化的液态金属浇注到与零件形状、尺寸相适应的铸型中,经冷却凝固后获得毛坯或零件的一种工艺方法。铸造可生产形状复杂、尺寸和材料各异的铸件毛坯(图1.0.1),但铸件晶粒粗大、力学性能差。对形状较复杂的毛坯,一般可用铸造方法制造。目前大多数铸件采用砂型铸造,对尺寸精度要求较高的小型铸件,可采用特种铸造,如永久型铸造、精密铸造、压力铸造、熔模铸造和离心铸造等。

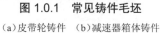

图 1.0.1　常见铸件毛坯

(a)皮带轮铸件　(b)减速器箱体铸件

锻件毛坯(图1.0.2)内部组织致密、力学性能好,但形状复杂的锻件很难制造。锻件毛坯经锻造后可得到连续和均匀的金属显微组织,因此锻件的力学性能较好,常用于受力复杂的重要钢质零件。其中,自由锻件的尺寸精度和生产率较低,主要用于小批锻件和大型锻件的制造;模型锻件的尺寸精度和生产率较高,主要用于生产较大批量的中小型锻件。

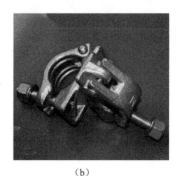

（a）　　　　　　　　　　　　　　（b）

图 1.0.2　常见锻件毛坯

（a）曲轴　（b）脚手架旋转扣

　　冲压件（图 1.0.3）是指利用金属板材冲压出厚度基本相同、形状不同的各种成品或半成品，后续可通过焊接加工成容器或不处理直接使用（对高精度、粗糙度及强度要求不高时，一般作为不太重要的结构件或连接件。

　　焊接件是指通过焊缝把不同形状和尺寸的金属构件拼接而成一个大的复杂的金属构件（图 1.0.4）。

图 1.0.3　冲压件　　　　　　　　　图 1.0.4　焊接件

　　型材（图 1.0.5）是轧钢厂生产的具有规定形状、尺寸的一系列产品的总称，可在合适的型材上通过锯割等手段下料，并作为毛坯进行进一步加工。

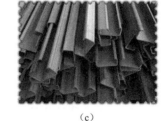

（a）　　　　　　　　　　（b）　　　　　　　　　　（c）

图 1.0.5　型材

（a）棒材　（b）管材　（c）槽钢

　　各种毛坯的比较详见表 1.0.1。

表 1.0.1　各种毛坯的比较

毛坯类型	铸件	锻件	冲压件	焊接件	型材
成型特点	液态下成型	塑性变形	塑性变形	永久性连接	塑性变形
结构特征	复杂	简单	轻巧、复杂	轻巧	简单
工艺性要求	流动性好,收缩率低	塑性好,变形抗力小	塑性好,变形抗力小	强度高,塑性好	塑性好,变形抗力小
常用材料	铸铁、铸钢、铝合金等	中碳钢、合金结构钢等	低碳钢、有色金属薄板	低碳钢、低合金钢等	碳钢、合金结构钢等
组织特征	晶粒粗大、疏松	晶粒细小、致密	拉伸时流线有变化	接头组织不均匀	晶粒细小、致密
力学性能	较差	好	好	降低	较好
材料利用率	高	低	高	较高	较低
生产周期	长	短 / 长	长	较短	短
生产成本	较低	较高	较低	中	—
应用举例	机架、床身	轴、齿轮	油箱	车身、船体	丝杠、螺栓

二、毛坯的选择原则

选择毛坯时应考虑如下几方面因素。

（一）零件的生产纲领

大量生产的零件应选择精度和生产率高的毛坯制造方法,毛坯制造的昂贵费用可由材料消耗的减少和机械加工费用的降低来补偿,如铸件采用金属模机器造型或精密铸造;锻件采用模锻、精锻;型材采用冷拉和冷轧。单件小批生产的零件应选择精度和生产率较低的毛坯制造方法。

（二）零件材料的工艺性

材料为铸铁或青铜等的零件,应选择铸造毛坯;钢质零件,当形状不复杂、力学性能要求不太高时,可选用型材;重要的钢质零件,为保证其力学性能,应选择锻造毛坯。

（三）零件的结构形状和尺寸

形状复杂的毛坯,一般采用铸造方法制造,薄壁零件不宜用砂型铸造。一般用途的阶梯轴,如各段直径相差不大,可选用圆棒料;如各段直径相差较大,为减少材料消耗和机械加工的劳动量,宜采用锻造毛坯,且尺寸大的零件一般选择自由锻造,中小型零件可考虑选择模型锻造。

（四）现有的生产条件

选择毛坯时,还要考虑实际的毛坯制造水平、设备条件以及外协的可能性和经济性等。

第一章　铸造

实训目的及要求:

(1)了解砂型铸造的生产过程;

(2)了解型砂(芯)的基本组成及其主要性能;

(3)掌握模样、铸件、零件之间的异同;

(4)掌握手工造型(整模造型、分模造型、挖砂造型)的工艺方法,能独立完成一般铸件的造型;

(5)掌握分型面和浇注系统的组成和作用;

(6)了解铸件的常见缺陷及其特征和产生的原因;

(7)了解特种铸造的基本知识。

第一节　概述

铸造是一种液态金属成型方法,即将金属加热到液态,使其具有流动性,然后浇入具有一定形状型腔的铸型中,液态金属在重力场或外力(压力、离心力、电磁力等)场作用下充满型腔,最后冷却并凝固成型腔形状铸件的一种生产加工工艺。

一、铸造工艺

铸造工艺具有以下优点。

(1)适用范围广。几乎不受零件形状复杂程度、尺寸大小、生产批量的限制,可以铸造壁厚 0.3～1 m、质量从几克到几百吨的各种金属铸件。

(2)对材料的适应性很强。可用于大多数金属材料的成形,对不宜锻压和焊接的材料,铸造具有独特的优点。

(3)铸件成本低。由于铸造原材料来源丰富,铸件的形状接近于零件,可减少切削加工量,从而降低成本。

铸造工艺的缺点也很明显,如工序多、铸件质量不稳定、废品率较高;铸件的力学性能较差,又受到最小壁厚的限制,铸件较为笨重;而且铸造的零件或毛坯精度低、粗糙度很大,铸造零件表面一般需要进行后续加工,以达到一定精度及粗糙度。不使用的表面可以通过油漆等工艺做防锈处理,不必加工。因此,铸造通常是生产零件毛坯的一种工艺。铸造成型工艺常用来制造形状复杂,特别是内腔复杂的零件,如复杂的箱体、阀体、叶轮、发动机气缸体、螺旋桨等。常见铸件如图 1.1.1 所示。

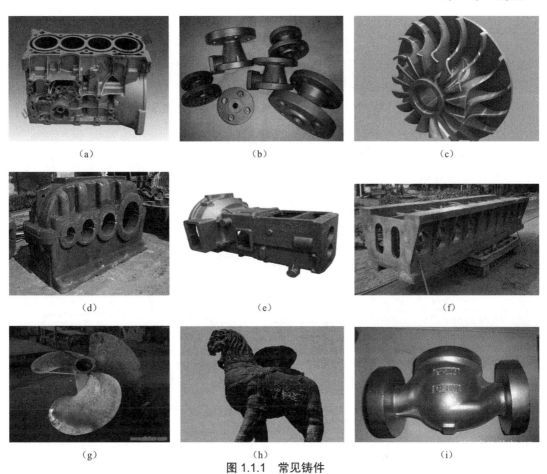

图 1.1.1　常见铸件

（a）发动机气缸体　（b）法兰接头　（c）叶轮　（d）减速箱体　（e）特殊箱体　（f）机床箱体
（g）轮船螺旋桨　（h）沧州铁狮子　（i）高压调节阀体

二、铸造方法

铸造生产方法很多，常见的有以下两类。

（一）砂型铸造

砂型铸造是用型砂紧实成型的铸造方法。由于型砂来源广泛、价格低廉，且砂型铸造方法适应性强，因而其是目前生产中用得最多、最基本的铸造方法。

砂型铸造的生产工序很多，主要包括制模、配砂、造型（芯）、合型、熔炼、浇注、落砂清理和检验。砂型铸造操作流程如图 1.1.2 所示。

11

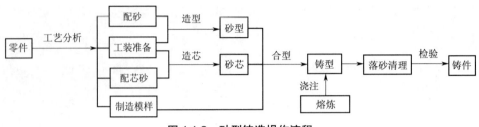

图 1.1.2　砂型铸造操作流程

（二）特种铸造

特种铸造是与砂型铸造不同的铸造方法,包括熔模铸造、金属型铸造、压力铸造、低压铸造和离心铸造等。

铸造在制造业中占有极其重要的地位,铸件广泛用于机床制造、动力机械、交通运输机械、轻纺机械、冶金机械等。铸件重量占机器总重量的 40%～85%。

第二节　型砂

造型材料是指用来制造砂型和砂芯的材料。用于砂型铸造的造型材料称为型砂,用于制造砂芯的材料称为芯砂。型(芯)砂质量的好坏直接影响铸件的质量,其质量不好会导致铸件产生气孔、砂眼、粘砂和夹砂等缺陷。

一、型(芯)砂的性能

生产中为了获得优质的铸件和良好的经济效益,对型(芯)砂性能有一定的要求。

（一）强度

型砂抵抗外力破坏的能力称为强度,包括常温湿强度、干强度、硬度以及热强度。型砂要有足够的强度,以防止造型过程中产生塌箱和浇注时液态金属对铸型表面产生冲刷破坏。

（二）成型性

型砂要有良好的成型性,包括良好的流动性、可塑性和不粘模性,且铸型轮廓清晰,易于起模。

（三）耐火度

型砂承受高温作用的能力称为耐火度。型砂要有较高的耐火度,同时应有较好的热化学稳定性、较小的热膨胀率和冷收缩率。

（四）透气性

型砂要有一定的透气性，以利于排出浇注时产生的大量气体。透气性过差，铸件中易产生气孔；透气性过高，易使铸件粘砂。另外，具有较小吸湿性和较低发气量的型砂对保证铸造质量有利。

（五）退让性

退让性是指铸件在冷却凝固过程中，型砂能被压缩变形的性能。型砂要有较好的退让性，退让性差，铸件在凝固收缩时易产生内应力、变形和裂纹等缺陷。

此外，型砂还要具有较好的耐用性、溃散性和韧性等。

二、型（芯）砂的组成

型砂和芯砂相比，由于芯砂的表面被高温金属所包围，受到的冲刷和烘烤较严重，因此对芯砂的性能要求比型砂要高。它们都是由原砂、黏结剂、水和附加物等组成的。

（一）原砂

原砂的主要成分是硅砂，根据来源可分为山砂、河砂和人工砂。硅砂的主要成分为 SiO_2，熔点高达 1 700 ℃，因此砂中 SiO_2 含量越高，其耐火度越高。铸造用砂根据铸件特点，对原砂的颗粒度、形状和含泥量等有不同的要求。砂粒越粗，则耐火度和透气性越高，较多角形和尖角形的硅砂透气性好；含泥量越小，透气性越好。

（二）黏结剂

用来黏结砂粒的材料称为黏结剂。常用的黏结剂有黏土和特殊黏结剂两大类。

（1）黏土为配置型砂、芯砂的主要黏结剂。用黏土作为黏结剂配置的型砂称为黏土砂。常用的黏土可分为膨润土和普通黏土。湿型砂普遍采用黏结性能较好的膨润土，而干型砂多用普通黏土。

（2）常用的特殊黏结剂包括桐油、水玻璃、树脂等。芯砂常选用这些特殊黏结剂。

（三）附加物

为了改善型（芯）砂的某些性能而加入的材料称为附加物。如加入煤粉可以降低铸件表面、内腔的表面粗糙度，加入木屑可以提高型（芯）砂的退让性和透气性。

（四）涂料和扑料

涂料和扑料不是配置型（芯）砂的成分，而是涂扑在铸型表面，以降低铸件表面粗糙度，防止产生粘砂缺陷的物质。通常，铸铁件用的干型砂采用石墨粉和少量黏土配成的涂料，湿型砂撒石墨粉作为扑料；铸钢件采用石英粉作为涂料。

三、型(芯)砂的制备

黏土砂根据在合箱和浇注时的砂型烘干与否可分为湿型砂、干型砂和表干型砂。湿型砂造型后不需烘干,生产效率高,主要用于生产中小型铸件;干型砂要烘干,主要靠涂料保证铸件表面质量,可采用粒度较粗的原砂,其透气性好,铸件不易产生冲砂、粘砂等缺陷,主要用于生产中大型铸件;表干型砂只在浇注前对型腔表面采用适当方法烘干,其性能兼具湿型砂和干型砂的特点,主要用于生产中型铸件。

湿型砂一般由新砂、旧砂、黏土、附加物及适量的水组成。铸铁件用的湿型砂配比(质量比)一般为旧砂 50%～80%、新砂 5%～20%、黏土 6%～10%、煤粉 2%～7%、重油 1%、水 3%～6%。各种材料通过混制工艺混合均匀,黏土膜均匀包覆在砂粒周围,混砂时先将各种干料(新砂、旧砂、黏土和煤粉)一起加入混砂机进行干混后,再加水湿混。型(芯)砂混制处理好后,应进行性能检测,对各材料的含量(如黏土的含量、有效煤粉的含量、水的含量等)、砂的性能(如紧实率、透气性、湿强度、韧性参数)做检测,以确定型(芯)砂是否达到相应的技术要求,也可通过手捏的感觉对某些性能做出粗略的判断。

第三节　造型

造型是砂型铸造的重要工序,常用的砂型制作方法有手工造型和机器造型两种。前者具有机动、灵活的特点,应用较为普遍后者制作的砂型型腔质量好、生产效率高,但只适用于成批或大量生产。

一、铸型

铸型是依据零件形状用造型材料(制造铸型和型芯的材料)制成的。铸型按照造型材料的不同,可分为砂型铸型(简称砂型)和金属型铸型。

铸型是由上砂型、下砂型、型腔(形成铸件形状的空腔)、浇注系统和砂箱等部分组成。上、下砂箱的接合面称为分型面,上、下砂箱的定位可用泥记号(单件或小批量生产)或定位销(成批或大量生产)来实现。铸型的组成如图 1.1.3 所示。

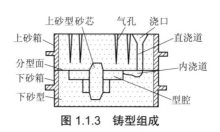

图 1.1.3　铸型组成

二、手工造型

(一)造型工具及辅助工具

造型工具及辅助工具如图 1.1.4 所示。

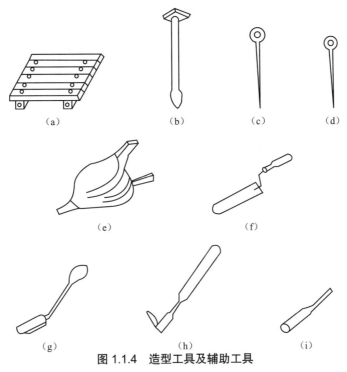

（a）　　　　（b）　　　　（c）　　　　（d）

（e）　　　　　　　　（f）

（g）　　　　　（h）　　　　（i）

图 1.1.4　造型工具及辅助工具

（a）底板　（b）舂砂锤　（c）通气针　（d）起模针　（e）皮老虎　（f）馒刀　（g）秋叶　（h）提钩　（i）半圆

1. 砂箱

砂箱的作用是便于砂型的翻转、搬运和防止液态金属将砂型冲垮等。一般砂箱采用铸铁制造，常做成长方形框架结构，但脱箱造型的砂箱一般用木材制造，也可用铝制造。砂箱的尺寸应使砂箱内侧与模样和浇口及顶部之间留有 30～100 mm 的距离，称为吃砂量。吃砂量的大小应视模样大小而定。如果砂箱选择过大，耗费型砂，增多舂砂工时，增大劳动强度；如果砂箱选择过小，模样周围舂不紧，浇注时易跑火。

2. 底板

底板是一块具有一个光滑工作面的平板，造型时用来托住模样、砂箱和型砂。底板可以用硬木、铝合金或铸铁制造。

3. 辅助工具

（1）铁锹（小锹）：用来混合型砂并铲起型砂送入砂箱。

（2）舂砂锤：用来舂实型砂，舂砂时应先用尖头，最后用平头。

（3）刮板：型砂舂实后，用来刮去高出砂箱的型砂。

（4）通气针：又叫气眼针，用来在砂箱上扎出通气孔眼。

（5）起模针和起模钉：用来取出砂型中的模样。

（6）掸笔：用来润湿型砂，以便于起模和修型，或用于对狭小孔腔涂刷涂料。

（7）修型工具：有刮刀（镘刀）、提钩、压钩、半圆、圆头、圈圆、法兰梗等。

（二）手工造型方法

手工造型方法都差不多，大体步骤为准备造型工具—安放造型地板、模样及砂箱—填砂紧实—翻型及修整分型面—放置上砂箱—放置浇口、冒口模样并填砂紧实—刮平并修整上砂型上表面—开箱，修整分型面—起模、修型—挖砂及开浇道—合箱紧固。

下面介绍几种常用的手工造型方法。

1. 整模造型

对于形状简单，端部为平面且又是最大截面的铸件应采用整模造型。整模造型操作方便，造型时整个模样全部置于一个砂箱内，不会出现错箱缺陷，主要适用于形状简单、最大截面在端部的铸件，如轴承座、齿轮坯、罩壳类零件等。整模造型工艺过程如图 1.1.5 所示。

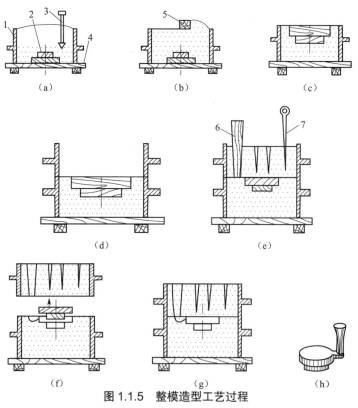

图 1.1.5 整模造型工艺过程

(a)造下砂型，填砂，紧实 (b)刮平 (c)翻箱 (d)放上砂箱 (e)填砂紧实，造上砂型，做气孔
(f)起模，开浇道 (g)合型浇注 (h)铸件

1—砂箱；2—模样；3—春砂锤；4—底板；5—刮板；6—浇口棒；7—通气针

2. 分模造型

当铸件的最大截面不在铸件的端部时,为了便于造型和起模,模样要分成两部分或几部分,这种造型方法称为分模造型。当铸件的最大截面在铸件的中间时,应采用两箱分模造型(图 1.1.6)。造型时模样分别置于上、下砂箱中,分模面(模样与模样间的接合面)与分型面(砂型与砂型间的接合面)位置相重合。两箱分模造型广泛用于形状比较复杂的铸件生产,如阀体、轴套、水管等有孔铸件。

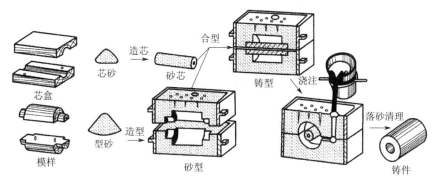

图 1.1.6　套筒类零件的两箱分模造型

3. 三箱造型

若铸件形状为两端截面大、中间截面小,如带轮、槽轮、车床四方刀架等,为保证顺利起模,应采用三箱造型(图 1.1.7)。此时,分模面应选在模样的最小截面处,而分型面仍选在铸件两端的最大截面处。显然,三箱造型有两个分型面,降低了铸件高度方向的尺寸精度,增加了分型面处飞边毛刺的清理工作量,操作较复杂,生产率较低,不适用于机器造型。因此,三箱造型仅用于形状复杂、不能用两箱分模造型的铸件的生产。

4. 活块造型

活块造型是采用带有活块的模样进行铸造的方法。其模样上可拆卸或者能活动的部分称为活块。当模样上有妨碍起模的伸出部分(如小凸台)时,常将该部分做成活块。起模时,应先将模样主体取出,再将留在铸型内的活块取出。

活块造型的特点:模样主体可以是整体的,也可以是分开的;对工人的操作技术要求较高,操作较麻烦,生产率较低。

活块造型适用于无法直接起模的铸件,如带有凸台等结构的铸件。

下面以图 1.1.8(a)所示零件为例讲解活块造型的工艺过程。

活块造型的工艺过程与整模造型相似,不同点如下。

(1)当采用带有销钉的活块造型时,模样被型砂固定后,应将固定活块的销钉及时取出,否则模样将无法拔出,如图 1-8(e)所示。

(2)起模时,应先取出模样的主体部分,再用弯曲的取模针取出活块,如图 1-8(f)(g)所示。

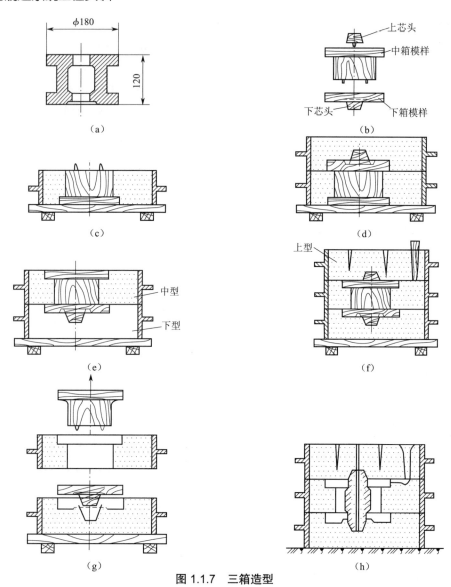

图 1.1.7　三箱造型

（a）零件图　（b）模样　（c）造中型　（d）造下型　（e）翻转下型和中型　（f）造上型　（g）开箱并起模　（h）下芯并合型

5. 挖砂造型

当铸件的外部轮廓为曲面（如手轮等），其最大截面不在端部，且模样又不宜分成两半时，应将模样做成整体，造型时挖掉妨碍模样取出的那部分型砂，这种造型方法称为挖砂造型。挖砂造型的分型面为曲面，造型时为了保证顺利起模，必须把砂挖到模样最大截面处（图 1.1.9）。手工挖砂操作技术要求高、生产效率低，只适用于单件、小批量生产。

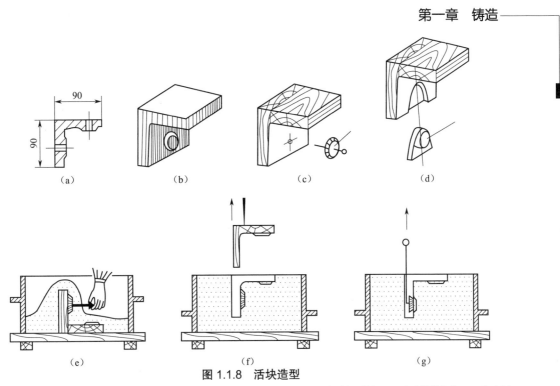

图 1.1.8 活块造型

（a)零件图 （b)铸件 （c)用销钉连接的活块 （d)用燕尾连接的活块 （e)造下型并拔出销钉 （f)取出模样主体 （g)取出活块

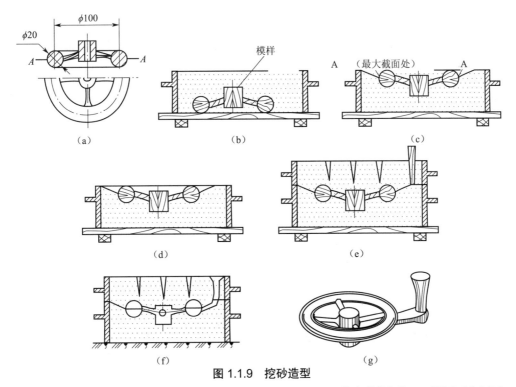

图 1.1.9 挖砂造型

（a)零件图 （b)造下型 （c)翻转下型 （d)挖修分型图 （e)造上型 （f)开箱、起模并合型 （g)带浇注系统的铸件

三、机器造型

机器造型是指用机械设备实现紧砂和起模的造型方法。在成批和大量生产时,应采用机器造型,将紧砂和起模过程机械化。与手工造型相比,机器造型生产效率高、铸件尺寸精度高、表面粗糙度小,但设备及工艺装备费用高、生产时间长,只适用于中小铸件成批或大批量生产,一般只适用于两箱造型。

第四节　造芯

型芯主要用于形成铸件的内腔、孔洞和凹坑等。

一、芯砂

因型芯在铸件浇注时大部分或部分被金属液包围,经受的热作用、机械作用都较强烈,且排气条件差,出砂和清理困难,因此对芯砂的要求一般比型砂高。一般可用黏土砂作为芯砂,但黏土含量比型砂高,同时提高新砂的含量。要求较高的铸造生产,可用钠水玻璃砂、油砂或合脂砂作为芯砂。

二、制芯工艺

由于型芯在铸件铸造过程中所处的工作条件比砂型更恶劣,因此型芯必须具备比砂型更高的强度、耐火度和更好的透气性、退让性。制造型芯时,除选择合适的材料外,还必须采取以下工艺措施。

(一)放芯骨

为了保证砂芯在生产过程中不变形、不开裂、不折断,通常在砂芯中埋置芯骨,以提高其强度和刚度。

小型砂芯通常采用易弯曲变形、回弹性小的退火铁丝制作芯骨,中大型砂芯一般采用铸铁芯骨或用型钢焊接而成的芯骨,如图 1.1.10 所示。这类芯骨由芯骨框架和芯骨齿组成,为了便于运输,一些大型的砂芯在芯骨上做有吊环。

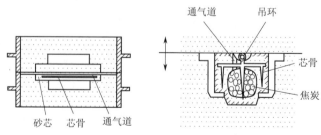

图 1.1.10　型芯组成与使用

（二）开通气道

砂芯在高温金属液的作用下,浇注很短时间会产生大量气体。当砂芯排气不良时,气体会侵入金属液使铸件产生气孔缺陷,因此制砂芯时除采用透气性好的芯砂外,应在砂芯中开设排气道,在型芯出气位置的铸型中开设排气道,以便将砂芯中产生的气体引出砂型。砂芯中开排气道的方法有用通气针扎出气孔、用通气针挖出气孔和用蜡线或尼龙管做出气孔,砂芯内加填焦炭也是一种增加砂芯透气性的措施。

（三）刷涂料

刷涂料的作用是降低铸件表面的粗糙度,减少铸件粘砂、夹砂等缺陷。一般中小铸钢件和部分铸铁件可用硅粉涂料,大型铸钢件用刚玉粉涂料,石墨粉涂料常用于铸铁件。

（四）烘干

砂芯烘干后可以提高强度和增加透气性。烘干时采用低温进炉、合理控温、缓慢冷却的烘干工艺。对于烘干温度,黏土砂芯为 250 ℃～350 ℃,油砂芯为 200 ℃～220 ℃,合脂砂芯为 200 ℃～240 ℃,烘干时间为 1～3 h。

三、制芯方法

制芯方法可分为手工制芯和机器制芯两大类。

（一）手工制芯

手工制芯可分为芯盒制芯和刮板制芯。芯盒制芯是应用较广的一种方法,按芯盒结构的不同,又可分为整体式芯盒制芯、分式芯盒制芯和脱落式芯盒制芯。

（1）整体式芯盒制芯适用于形状简单且有一个较大平面的砂芯,如图 1.1.11 所示。

图 1.1.11　整体式芯盒制芯

（a）舂砂、刮平　（b）放烘芯板　（c）翻转、取芯

（2）分式芯盒制芯采用对开式芯盒分别填砂制芯,然后组合使两半砂芯粘合后取出砂芯,如图 1.1.12 所示。

图 1.1.12　对开式芯盒制芯

(a)结构　(b)加芯骨　(c)开排气孔　(d)分开芯盒　(e)取出砂芯

（3）脱落式芯盒制芯的操作方法和分式芯盒制芯类似,不同的是芯盒部分是多个活块组合而成,取芯时从不同方向分别取下各个活块,如图 1.1.13 所示。

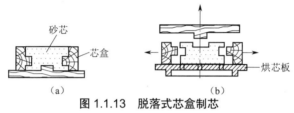

图 1.1.13　脱落式芯盒制芯

(a)芯盒安装及造芯　(b)分开芯盒及取出砂芯

（二）机器制芯

机器制芯与机器造型原理相同,有震实式、微震压实式和射芯式等多种方法。机器制芯生产效率高、型芯紧实度均匀、质量好,但安放龙骨、取出活块或开排气道等工序有时仍需要手工完成。

第五节　铸造合金种类与浇注

铸造合金熔炼和铸件浇注是铸造生产的主要工艺。本节主要介绍铸铁合金的基础知识、铸铁熔炼原理及铸件浇注技术。

一、铸铁

铸造合金分为黑色合金和非铁合金两大类,黑色铸造合金即铸钢、铸铁,其中铸铁件生产量所占比例最大;非铁铸造合金有铝合金、铜合金、钛镁合金等。

（一）灰铸铁

灰铸铁通常是指断面呈灰色,其中的碳主要以片状石墨形式存在的铸铁。灰铸铁生产简单、成品率高、成本低,虽然力学性能低于其他类型铸铁,但具有良好的耐磨性和吸震性、较低的缺口敏感性、良好的铸造工艺性能,使其在工业中得到了广泛应用,目前灰铸铁产量约占铸铁产量的80%。

　　灰铸铁的性能取决于基体和石墨。在铸铁中碳以游离状态的形式聚集出现,就形成了石墨。石墨软而脆,在铸铁中石墨的数量越多,石墨片越粗、端部越尖,铸铁的强度就越低。灰铸铁有 HT100、HT200、HT300 等牌号,前 2 位字母"HT"为"灰铁"汉语拼音字首,后 3 位数字是材料的抗拉强度最小值,单位为 MPa。

（二）球墨铸铁

　　球墨铸铁是由金属基体和球状石墨所组成,球状石墨是通过铁液进行一定的变质处理（球化处理）获得的。由于球状石墨避免了灰铸铁中尖锐石墨边缘的存在,缓和了石墨对金属基体的破坏,从而使铸铁的强度得到提高,韧性有很大的改善。球墨铸铁的牌号有 QT400-18、QT450-10、QT600-3 等多种,其命名规则与灰铸铁一致,只是后 1~2 位数字代表最低断后伸长率（%）。

　　球墨铸铁的强度和硬度较高,具有一定的韧性,提高了铸铁材料的性能,在汽车、农机、船舶、冶金、化工等行业都有应用,其产量仅次于灰铸铁。

（三）可锻铸铁

　　可锻铸铁又称玛铁或玛钢,它是将白口铸铁坯件经石墨化退火而成的一种铸铁,有较高的强度、塑性和冲击韧度,可以部分代替碳钢。

　　可锻铸铁的生产过程复杂,退火周期长,能源耗费大,铸件的成本较高,应用和发展受到一定限制,某些传统的可锻铸铁零件已逐渐被球墨铸铁所代替。

（四）蠕墨铸铁

　　蠕墨铸铁铸造性能好,可用于制造复杂的大型零件,如变速器箱体;因其有良好的导热性,也用于制造在较大温度梯度下工作的零件,如汽车制动盘、钢锭模等。

二、铸铁的浇注工艺

（一）浇注工艺

　　将熔炼好的金属液浇入铸型的过程称为浇注。若浇注操作不当,铸件会产生浇不足、冷隔、夹砂、缩孔和跑火等缺陷。

　　浇注系统是指铸型中开设的引进熔融金属液的通道。其主要作用是保证液态金属平稳地、无冲击地、迅速地充满型腔,同时能够阻止熔渣等杂质进入型腔和调节铸件的凝固顺序。

　　浇注系统由浇口杯、直浇道、横浇道和内浇道组成,如图1.1.14 所示。各部分的作用如下。

　　(1)浇口杯:主要作用是承接金属液,减少金属液的冲击力,使之平稳地流入直浇道,并分离部分熔渣。浇口杯的形状多为漏斗形或者盆形。其中,漏斗形浇口杯用于中小铸件,盆

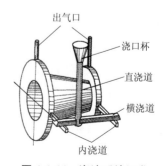

出气口
浇口杯
直浇道
横浇道
内浇道

图 1.1.14　浇注系统组成

形浇口杯用于大铸件。

（2）直浇道：垂直浇道，主要作用是使金属液产生静压力，并迅速充满型腔。为了便于起模，防止浇道内形成真空而引起金属液吸气，直浇道一般做成圆锥形。

（3）横浇道：连接直浇道和内浇道的水平通道，一般开设在上砂型，截面多为梯形，主要作用是挡渣。

（4）内浇道：金属液进入型腔的通道，截面多为扁形或三角形，主要作用是控制金属液的流入速度和方向。

（二）浇注前的准备工作

（1）准备浇包：浇包是用于盛装金属液进行浇注的工具，应根据铸型大小、生产批量准备合适和足够数量的浇包。

（2）清理通道：浇注时金属液流径的通道不能有杂物挡道，更不许有积水。

（三）浇注工艺

1. 浇注温度

浇注温度过低时，金属液流动性差，易产生浇不足、冷隔、气孔等缺陷；浇注温度过高时，金属液的收缩量增加，易产生缩孔、裂纹及粘砂等缺陷。合适的浇注温度应根据合金种类、铸件大小及形状确定。一般复杂薄壁件浇注温度为 1 350～1 400 ℃，简单厚壁件浇注温度为 1 260～1 350 ℃。

2. 浇注速度

浇注速度太慢，金属液降温过多，易产生浇不足、冷隔和夹渣等缺陷。浇注速度太快，型腔中的气体来不及逸出而产生气孔。同时，由于金属液流速快，易产生冲砂、抬箱、跑火等缺陷。浇注速度根据具体情况确定，一帮用浇注时间表示。

浇注过程中应注意：浇注前进行扒渣操作，即清除金属液表面的熔渣，以免熔渣进入型腔；浇注时在砂型出气口、冒口处引火燃烧，促使气体快速排出，防止铸件出现气孔，并减少有害气体污染空气；浇注过程中不能断流，应始终使外浇口保持充满，以便熔渣上浮；浇注是高温作业，操作人员应注意安全。

第六节　铸件落砂、清理及缺陷分析

铸件浇注后，要经过落砂、清理，然后进行质量检验，符合质量要求的铸件才能进入下一道零件加工工序，次品根据缺陷修复在技术和经济上的可行性酌情修补，废品则重新回炉。下面简单介绍铸件浇注后的几个操作。

一、落砂

取出铸件的工作称为落砂。落砂时要注意开箱时间，若过早，由于铸件未凝固或温度过高,会产生跑火、变形、表面硬皮等缺陷,并且铸件会产生内应力、裂纹等缺陷;若过晚,将过长时间占用生产场地及工装,使生产效率降低。落砂时间与合金种类、铸件形状和大小有关。形状简单,小于 10 kg 的铸铁件,可在浇后 20~40 min 落砂;10~30 kg 的铸铁件,可在浇后 30~60 min 落砂。落砂可分为手工落砂和机器落砂两种,前者用于单件小批量生产,后者用于大批量生产。

二、清理

铸件必须经过清理工序,才能使铸件外表面达到要求。清理工作主要包括下列内容。

(1)切除浇冒口:铸铁件可用铁锤敲掉浇冒口,铸钢件要用气割切除,有色合金铸件则用锯割切除。

(2)清除型芯:铸件内腔的型芯和芯骨可用手工取出,也可用振动出芯机或用水力清砂装置去除。

(3)清除粘砂:铸件表面往往粘有一层被烧焦的砂子,需要清除干净,一般采用钢丝刷、风铲等工具进行手工清理。对于批量生产,常选用清理机械进行清理,广泛采用的方法有滚筒清理、喷丸清理。

三、缺陷分析

检验就是用肉眼或借助尖嘴锤找出铸件表层或皮下的铸造缺陷,如气孔、砂眼、粘砂、缩孔、冷隔、浇不足等,对铸件内部的缺陷还可采用耐压试验、磁粉探伤、超声波探伤、金相检验、力学性能试验等方法进行检验。铸件的常见缺陷见表 1.1.1,实物如图 1.1.15 所示。

表 1.1.1 铸件的常见缺陷

名称	缺陷特征	产生原因分析	名称	缺陷特征	产生原因分析
浇不足	铸件残缺或轮廓不完整,边角圆且光亮	(1)合金流动性差,浇注温度低; (2)铸件设计不合理,壁太薄; (3)浇注时断流或浇注速度过慢; (4)浇注系统截面过小	裂纹	在铸件转角处或厚薄壁交接处的条状裂纹	(1)铸件壁厚不均匀,收缩不一致; (2)合金含硫和磷过高; (3)型(芯)砂的退让性差; (4)浇注温度过高
冷隔	边缘呈圆角状的缝隙	(1)铸件壁过薄; (2)合金流动性差; (3)浇注温度低、浇注速度慢	缩孔	最后凝固处形状不规则的孔洞、内腔极粗糙	(1)铸件结构设计不当,有热节; (2)浇注温度过高; (3)冒口设计不合理或冒口过小
错型	铸件在分型面处发生错移	(1)合型时定位不准; (2)造型时上、下模有错移; (3)上、下型未夹紧; (4)定位销或记号不准	气孔	孔洞内表光滑,大孔孤立存在,小孔成群出现	(1)铸型透气性差,紧实度过高; (2)铸型太湿、起模刷水过多,芯子、浇包未烘干; (3)浇注系统不正确,气体排不出去; (4)砂芯通气孔堵塞

名称	缺陷特征	产生原因分析	名称	缺陷特征	产生原因分析
偏芯	铸件内孔位置、形状和尺寸发生偏移	(1)芯子变形； (2)下芯时位置不准确； (3)砂芯固定不良，浇注时被冲偏	砂眼	内部或表面带有砂粒的孔洞	(1)型砂的耐火性差； (2)浇注温度太高； (3)型砂紧实度不够，型腔表面不致密
变形	铸件发生弯曲或扭曲变形	(1)落砂过早或过晚； (2)铸件壁厚不均匀； (3)铸件形状设计不合理	粘砂	表面或内腔附有难以清除的砂粒	—

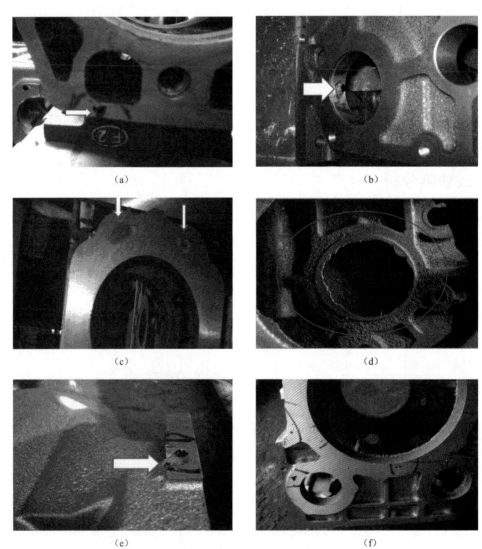

(a)　　　　　　　　　　(b)

(c)　　　　　　　　　　(d)

(e)　　　　　　　　　　(f)

图 1.1.15　铸件的常见缺陷

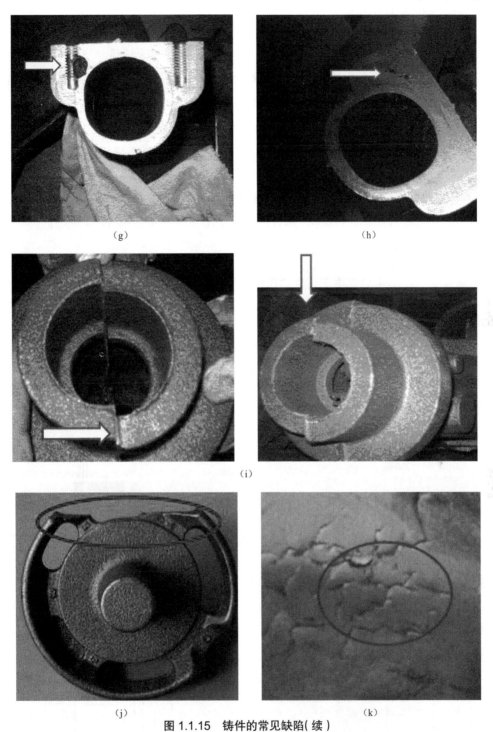

（g）　　　　　　　　　　　（h）

（i）

（j）　　　　　　　　　　　（k）

图 1.1.15　铸件的常见缺陷（续）

（a）表面砂眼　（b）孔内壁砂眼　（c）工作面粘砂　（d）非工作面粘砂　（e）孔端面气孔　（f）结合面气孔

（g）壁厚不均产生大缩孔　（h）小缩孔　（i）错型与偏芯　（j）浇不足　（k）冷隔

27

第七节　特种铸造

特种铸造是指与普通砂型铸造不同的铸造方法。特种铸造方法很多,并不断有新方法出现,各种方法有其特点及适用范围。这里仅介绍比较常用的金属型铸造、熔模铸造和离心铸造。

一、金属型铸造

金属型铸造是将液态金属浇入金属铸型中,并在重力作用下凝固成型以获得铸件的方法。由于金属铸型可反复多次使用(几百次到几千次),故有永久型铸造之称。

(一)金属铸型结构

金属铸型的结构主要取决于铸件的形状、尺寸,以及合金的种类和生产批量等。金属铸型一般用铸铁或铸钢做成,型腔表面需喷涂一层耐火涂料。铸件的内腔可用金属型芯或砂芯来形成,其中金属型芯用于非铁金属件。

按照分型面的不同,金属铸型可分为垂直分型式、水平分型式、整体式和复合分型式。其中,垂直分型式便于开设浇道和取出铸件,也易于实现机械化生产,所以应用最广。图1.1.16 所示是复合分型式型芯金属型铸造零件生产过程。

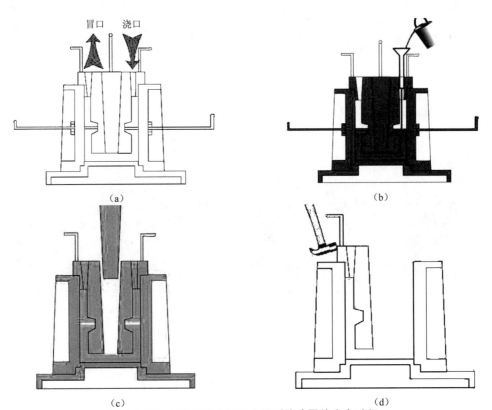

图 1.1.16　复合分型式型芯金属型铸造零件生产过程

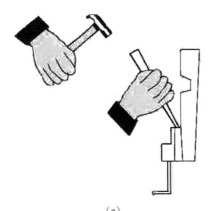
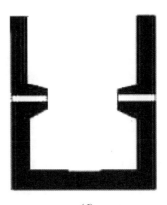

（e） （f）

图 1.1.17 复合分型式型芯金属型铸造零件生产过程(续)

（a）组装金属铸模 （b）预热后浇注 （c）竖直向上起中间模 （d）起侧凹模 （e）剔除浇冒口 （f）零件

（二）金属型铸造工艺

由于金属型导热快，并且没有退让性和透气性，为了获得优质铸件和延长金属型的寿命，必须严格控制其工艺。

1.喷刷涂料

为了减缓铸件的冷却速度，防止高温金属液流对型壁的直接冲刷和保护金属型，金属型的型腔和金属型芯表面必须喷刷涂料。

2.保持一定的工作温度

通常铸铁件的预热温度为 250~350 ℃，非铁金属铸件为 100~250 ℃。其目的是减缓金属型对浇注金属液的激冷作用，减少铸件冷隔、浇不足、夹渣、气孔等缺陷。未预热的金属型不能进行浇注。预热温度根据合金的种类、铸件结构和大小确定。

3.合适的出型时间

浇注后，应使铸件凝固后尽早出型。因为铸件在金属型内停留时间越长，铸件的出型及抽芯越困难，铸件裂纹倾向加大，并且铸铁件的白口倾向增加，金属型铸造的生产率降低。通常小型铸件出型时间为 10~60 s，铸件温度为 780~950 ℃。

（三）金属型铸造的特点和适用范围

1.金属型铸造的特点

（1）金属型铸造可以一型多铸，便于实现机械化、自动化生产。

（2）金属型的制造成本高、生产周期长，不宜生产形状复杂的铸件。

（3）对铸造工艺要求严格，否则容易产生浇不足、冷隔、裂纹等缺陷。

2.金属型铸造的适用范围

金属型铸造主要用于铜、铝合金的不复杂中小铸件的大批量生产，如活塞、气缸盖、油泵壳体、铜瓦、衬套、轻工业品等，也可浇注铸铁件。

29

二、熔模铸造

熔模铸造是指用易熔材料制成模样,在模样表面包覆若干层耐火涂料制成型壳,经硬化后,再将模样熔化,并排出型壳,从而获得无分型面的铸型,浇注即可获得铸件的铸造方法。由于其模样广泛采用蜡质材料制造,故又称为"失蜡铸造"。

(一)熔模铸造的工艺过程

熔模铸造的工艺过程可分为蜡模制造、型壳制造、焙烧浇注三个主要阶段,具体如图1.1.18所示。

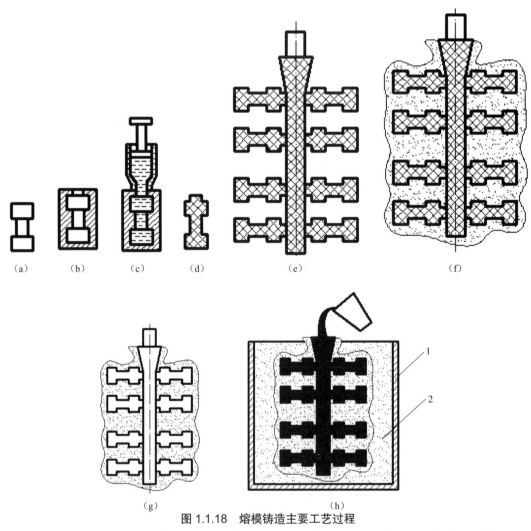

图 1.1.18 熔模铸造主要工艺过程

(a)铸件 (b)压型 (c)压制蜡模 (d)单个蜡模 (e)蜡模组合 (f)制造型壳 (g)脱蜡、焙烧 (h)装箱浇注

1—砂箱;2—填砂

（二）熔模铸造的特点和适用范围

1. 熔模铸造的特点

（1）熔模铸造铸件的精度高、表面光洁，同时可制造出形状很复杂的薄壁铸件。

（2）适合各种合金铸件，尤其适合高熔点及难切割加工的合金钢铸件。

（3）生产批量不受限制，但生产工艺复杂且周期长，机械加工压型成本高，铸件成本高，不宜生产过长过大件。

2. 熔模铸造的适用范围

熔模铸造主要用于高熔点合金精密铸件的成批和大量生产，以及形状复杂、难以机械加工的小零件生产。目前，熔模铸造已在汽车、拖拉机、机床、刀具、汽轮机、仪表、航空等制造业得到了广泛应用，成为少、无屑加工中最重要的工艺方法。

三、离心铸造

离心铸造是将液态合金浇入高速旋转的铸型，使其在离心力作用下填充铸型并凝固成型的铸造方法。离心铸造一般都是在离心铸造机上进行的，铸型多采用金属型，可以围绕垂直轴或水平轴旋转。

（一）离心铸造的基本方式

离心铸造必须在离心铸造机上进行，离心铸造机可分为立式和卧式两大类。

（1）在立式离心铸造机上的铸型是绕垂直轴旋转的。当浇注圆筒形铸件时（图1.1.19（a）），金属液并不填满型腔，以便于自动形成内腔，而铸件的壁厚则取决于浇入的金属液量。在立式离心铸造机上进行离心铸造的优点是便于铸型的固定和金属液的浇注，但其自由表面（即内表面）呈抛物线状，使铸件上薄下厚。因此，其主要用于浇注高度小于直径的圆环类铸件。

（2）在卧式离心铸造机上的铸型是绕水平轴旋转的，由于铸件各部分的冷却条件相近，故铸出的圆筒形铸件无论是轴向还是径向的壁厚都是均匀的（图1.1.19（b））。因此，其适合于浇注长度较大的圆筒、管类铸件，是常用的离心铸造方法。

（二）离心铸造的特点和适用范围

1. 离心铸造的特点

（1）铸件致密度高，气孔、夹杂等缺陷少。

（2）由于离心力的作用，可生产薄壁铸件。

（3）省去加工型芯工艺，没有浇注系统和冒口系统的金属消耗。

2. 离心铸造的适用范围

离心铸造主要用于大口径铸铁管、气缸套、铜套、双金属轴承的生产，铸件的最大质量可达十多吨。同时，离心铸造也已应用于耐热钢轧辊、特殊钢的无缝管坯、造纸烘缸等铸件生产。

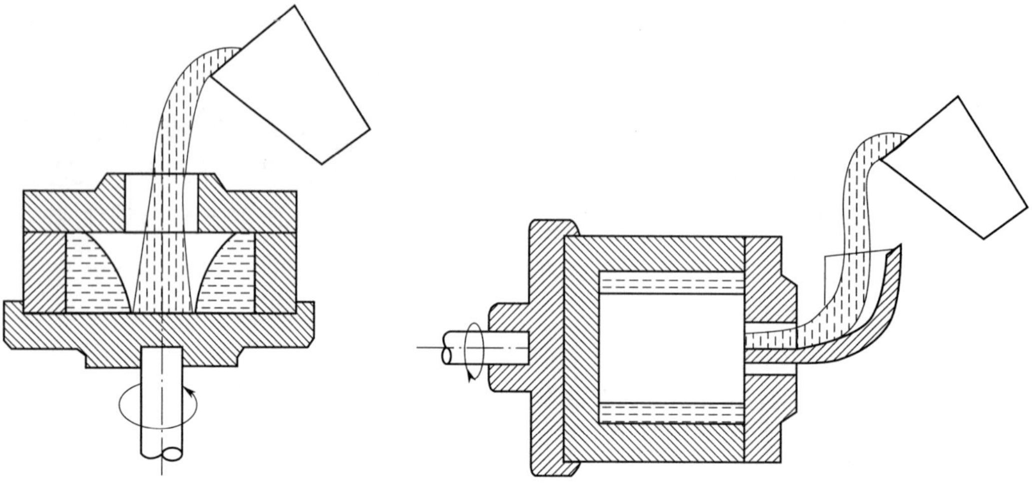

(a)

(b)

图 1.1.19　圆筒形铸件的离心铸造

（a）立式离心铸造　（b）卧式离心铸造

第二章　压力加工

实训目的及要求：

（1）了解锻造与冲压生产的工艺过程、特点及应用；

（2）了解自由锻基本工序；

（3）了解冲压基本工序及简单冲模结构。

压力加工是指利用金属在外力作用下所产生的塑性变形，获得具有一定形状、尺寸和力学性能的原材料、毛坯或零件的加工方法。金属压力加工的基本方法除锻造和冲压外，还有轧制、挤压、拉拔等。

锻造是在加压设备及工具、模具的作用下，使金属坯料或铸锭产品局部或全部产生塑性变形，以获得一定形状、尺寸和质量的锻件的加工方法。板料冲压是利用外力使板料产生分离或塑性变形，以获得一定形状、尺寸和性能的制件的加工方法。

经过锻造成型后的锻件，力学性能得到提高，通常作为承受重载或冲击载荷的零件。板料冲压通常用来加工具有足够塑性的金属材料或非金属材料。压制品具有质量轻、刚度好、强度高、互换性好、成本低等优点，生产过程易于实现机械自动化，生产率高。

锻造是通过压力机、锻锤等设备或工具、模具对金属施加压力实现的。一般锻件生产的工艺过程为下料→加热→锻造→冷却→热处理→清理→检验→锻件。冲压是通过冲床、模具等设备和工具对板料施加压力实现的。冲压的基本工序分为分离工序（如剪切、落料、冲孔等）和成型工序（如弯曲、拉深、翻边等）两大类。

第一节　锻造生产过程

一、下料

下料是根据锻件的形状、尺寸和质量从选定的原材料上截取相应的坯料。中小型锻件一般以热轧圆钢或方钢为原材料。锻件坯料的下料方法主要有剪切、锯削、氧气切割等。大批量生产时，剪切可在锻锤或专用的棒料剪切机上进行，生产效率高，但坯料断口质量较差。锯削可在锯床上使用弓锯、带锯或圆盘锯进行，坯料断口整齐，但生产效率低，主要适用于中小批量生产。氧气切割设备简单、操作方便，但断口质量较差，且金属损耗较多，只适用于单件、小批量生产，特别适合于大截面钢坯和钢锭的切割。

二、坯料的加热

（一）加热设备

（1）反射炉。燃料在燃料室中燃烧,高温炉火通过炉顶反射到加热室中加热坯料的炉子称为反射炉。反射炉以烟煤为燃料。

（2）室式炉。炉膛三面是墙,一面有门的炉子称为室式炉。室式炉以重油或天然气、煤气为燃料。

（3）电阻炉。 电阻炉利用电阻加热器通电时所产生的热量为热源,以辐射方式加热坯料。

（二）锻造温度范围

锻造温度范围是指金属开始锻造的温度（始锻温度）到锻造终止的温度（终锻温度）之间的温度间隔。常用材料的锻造温度范围见表 1.2.1。

表 1.2.1　常见材料的锻造温度范围

种类	牌号举例	始锻温度 /℃	终锻温度 /℃
低碳钢	20、Q235A	1 200 ~ 1 250	700
中碳钢	35、45	1 150 ~ 1 200	800
高碳钢	T8、T10A	1 100 ~ 1 150	800
合金钢	30Mn2、40Cr	1 200	800
铝合金	2A12	450 ~ 500	350 ~ 380
铜合金	HPb59-1	800 ~ 900	650

（三）坯料加热缺陷

1. 氧化与脱碳

在高温下,金属坯料的表层金属受炉气中氧化性气体的作用发生化学反应,生成氧化皮,造成金属熔炼损耗（氧化熔炼损耗量为坯料质量的 2% ~ 3%）,还会降低锻件的表面质量。在下料计算坯料质量时,应加上这个熔炼损耗量。钢在高温下长时间与氧化性炉气接触,会造成坯料表层一定深度内碳元素的熔炼损耗,这种现象称为脱碳。脱碳层小于锻件的加工余量,则对零件没有影响;脱碳层大于加工余量,会使零件表层性能下降。减少氧化和脱碳的方法是在保证加热质量的前提下,快速加热,避免坯料在高温下停留时间过长。

2. 过热和过烧

金属由于加热温度过高或在高温下停留时间过长引起的晶粒粗大的现象称为过热。对于过热的坯料,可以在随后的锻造过程中将粗大的晶粒打碎,也可以在锻造以后进行热处理,将晶粒细化。加热温度超过始锻温度过多时,晶粒边界出现的氧化及熔化的现象称为过烧。过烧破坏了晶粒间的结合力,一经锻打即破碎成废品,因此过烧是无法挽回的缺陷。避免过热和过烧的方法是严格控制加热温度和在高温下的停留时间。

3. 开裂

大型或复杂锻件在加热过程中,如果加热速度过快,装炉温度过高,则可能造成坯料各部分之间产生较大的温差,膨胀不一致,进而产生裂纹。

三、锻件冷却

锻件锻造后的冷却方式对锻件的质量有一定影响。冷却太快,会使锻件发生翘曲,表面硬度提高,内应力增大,甚至产生裂纹,使锻件报废。锻件的冷却是保证锻件质量的重要环节。锻件冷却的方法有以下 3 种。

（1）空冷:在无风的空气中,放在干燥的地面上冷却。

（2）坑冷:在充填有石棉灰、沙子或炉灰等绝热材料的坑中冷却。

（3）炉冷:在 500～700 ℃的加热炉中,随炉缓慢冷却。

一般情况下,锻件中的碳元素及合金元素含量越高,锻件体积越大,形状越复杂,冷却速度越要缓慢,否则会造成硬化、变形甚至裂纹。

四、锻后热处理

锻件在切削加工前,一般都要进行热处理。热处理的作用是使锻件的内部组织进一步细化和均匀化,消除锻造残余应力,降低锻件硬度,便于进行切削加工等。常用的锻后热处理方法有正火、退火和球化退火等。具体的热处理方法和工艺要根据锻件的材料种类和化学成分确定。

第二节　自由锻造

用简单的通用性工具 ,或在锻造设备的上、下砧铁之间直接对坯料施加外力,使坯料产生变形而获得所需的几何形状及内部质量的锻件的加工方法称为自由锻。自由锻可分为手工自由锻和机器自由锻。

自由锻使用的工具简单、操作灵活,但锻件的精度低、生产率低、工人劳动强度大,所以只适用于单件、小批量和大型、重型锻件的生产。

一、自由锻的设备

自由锻常用的设备有空气锤、蒸汽－空气自由锻锤和水压机等。

（一）空气锤

空气锤是一种以压缩空气为动力,并自身携带动力装置的锻造设备。坯料质量在

100 kg 以下的小型自由锻锻件,通常都在空气锤上锻造。

（二）自由锻工具

自由锻工具按功用可分为支持工具、打击工具、衬垫工具、夹持工件和测量工具。

二、自由锻的基本工序

各种锻件的自由锻成型过程都是由一个或几个工序组成。根据变形性质和程度的不同,自由锻工序可分为基本工序、辅助工序和精整工序三类。变形量较大的改变坯料形状和尺寸,实现锻件基本成型的工序称为基本工序,如镦粗、拔长、冲孔、弯曲、扭转等。为便于实施基本工序而预先使坯料产生少量变形的工序称为辅助工序,如切肩、压印等。为提高锻件的形状精度和尺寸精度,在基本工序之后进行的小量修整工序称为精整工序,如滚圆、平整等。在实际生产中常用的是镦粗、拔长、冲孔 3 个基本工序。

（一）镦粗

镦粗是使坯料横截面面积增大、高度减小的锻造工序。镦粗可分为整体镦粗和局部镦粗两种,如图 1.2.1 所示。镦粗操作的工艺要点如下。

（1）坯料尺寸。镦粗的坯料高度 h 与其直径 d 之比应小于 2.5～3。高径比过大,易将坯料镦弯或造成双鼓形,甚至发生折叠现象而使锻件报废,如图 1.2.2 所示。

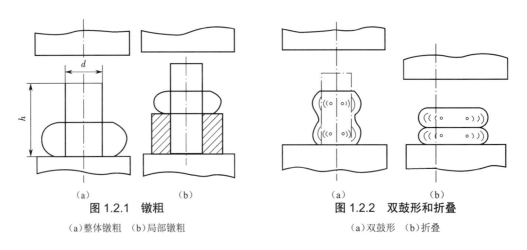

图 1.2.1　镦粗　　　　　　　图 1.2.2　双鼓形和折叠
（a）整体镦粗　（b）局部镦粗　　　　（a）双鼓形　（b）折叠

（2）镦弯的防止及矫正。坯料的端面应平整并与轴线垂直,加热要均匀,坯料在砧铁上要放平,否则可能产生镦弯的现象。镦粗过程中如发现镦歪、镦弯或出现双鼓形应及时矫正,方法是将坯料斜立,轻打镦歪的斜角,然后放平,继续锻打,如图 1.2.3 所示。

（3）折叠的防止。如果坯料的高径比较大,或锤力不足,就可能产生双鼓形。如不及时纠正,继续锻打可能形成折叠,使锻件报废,如图 1.2.2（b）所示。

（4）局部镦粗时要采用相应尺寸的漏盘,将坯料的一部分放在漏盘内,限制其变形。

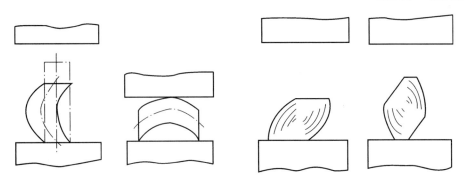

图 1.2.3 镦弯的产生及矫正

（二）拔长

拔长是使坯料长度增加、横截面面积减小的锻造工序,操作中还可以进行局部拔长、芯轴拔长等。拔长操作的工艺要点如下。

（1）送进。锻打过程中,坯料沿砧铁宽度方向送进,每次送进量不宜过大,以砧铁宽度的 30% ~ 70% 为宜,如图 1.2.4（a）所示。送进量太大,金属主要沿坯料宽度方向变形,反而降低延伸效率,如图 1.2.4（b）所示。送进量太小,又容易产生夹层,如图 1.2.4（c）所示。

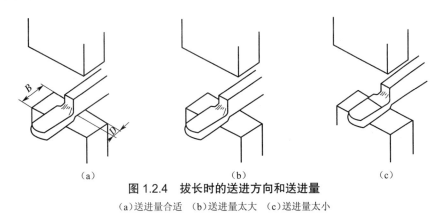

（a） （b） （c）

图 1.2.4 拔长时的送进方向和送进量

（a）送进量合适 （b）送进量太大 （c）送进量太小

（2）翻转。拔长过程中应不断翻转坯料,翻转的方法如图 1.2.5 所示。为便于翻转后继续拔长,压下量要适当,应使坯料横截面的宽度与厚度之比不超过 2.5,否则易产生折叠。

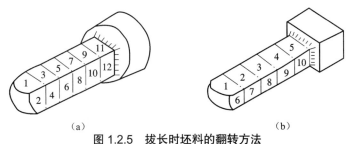

（a） （b）

图 1.2.5 拔长时坯料的翻转方法

（a）来回翻转 90°锻打 （b）打完一面后翻转 90°

（3）锻打。将圆截面的坯料拔长成直径较小的圆截面时,必须先把坯料锻打成方形截面,再拔长到边长接近锻件的直径,然后锻成八角形,最后锻打成圆形,如图 1.2.6 所示。

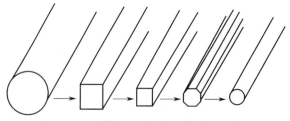

图 1.2.6　圆截面坯料拔长时横截面的变化

（4）锻制台阶或凹挡。锻制前要先在截面分界处压出凹槽,称为压肩,如图 1.2.7 所示。

（5）套筒类锻件的拔长。套筒类锻件的拔长操作如图 1.2.8 所示。坯料必须先冲孔,然后套在拔长心轴上拔长,坯料边旋转边轴向送进,并严格控制送进量。送进量过大,不仅拔长效率低,而且坯料内孔增大较多。

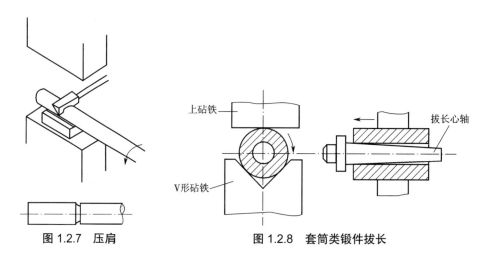

图 1.2.7　压肩　　　　　　　图 1.2.8　套筒类锻件拔长

（6）修整。坯料拔长后要进行修整,以使截面形状规则。修整方形或矩形截面的锻件时,将锻件沿砧铁长度方向送进（图 1.2.9（a））,以增加锻件与砧铁的接触长度。修整圆形截面的锻件时,锻件在送进的同时还应不断转动（图 1.2.9（b））,锻件的尺寸精度更高。

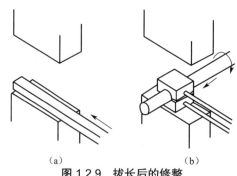

（a）　　　　　　　　　（b）

图 1.2.9　拔长后的修整

（a）方形、矩形截面锻件的修整　（b）圆形截面锻件的修整

（三）冲孔

在坯料上冲出通孔或不通孔的工序称为冲孔。冲孔操作的工艺要点如下。

（1）冲孔前,坯料应先镦粗,以尽量减小冲孔深度。

（2）为保证孔位正确,应先试冲,即用冲子轻轻压出凹痕,如有偏差,可加以修正。

（3）冲孔过程中应保证冲子的轴线与锤杆中心线平行,以防将孔冲歪。

（4）一般锻件的通孔采用双面冲孔法冲出,先从一面将孔冲至坯料厚度 2/3～3/4 的深度,然后取出冲子,翻转坯料,再从反面将孔冲透,如图 1.2.10 所示。

（5）较薄的坯料可采用单面冲孔,如图 1.2.11 所示。单面冲孔时,应将冲子大头朝下,漏盘上的孔不宜过大,且须仔细对正。

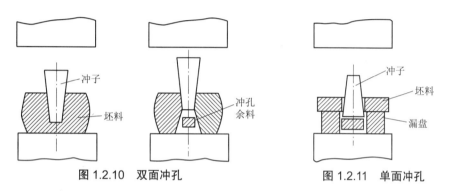

图 1.2.10　双面冲孔　　　　　　　图 1.2.11　单面冲孔

（6）为防止坯料胀裂,冲孔的孔径一般要小于坯料直径的 1/3,否则要先冲出一个较小的孔,然后采用扩孔的方法将孔扩到所要求的孔径尺寸,如图 1.2.12 所示。

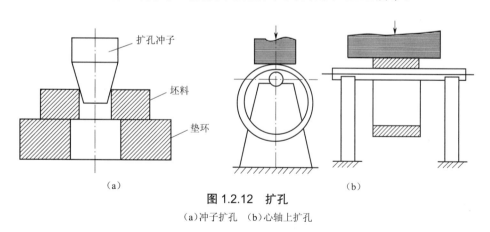

（a）

图 1.2.12　扩孔

（a）冲子扩孔　（b）心轴上扩孔

（四）弯曲

将坯料弯成一定角度或弧度的工序称为弯曲,如图 1.2.13 所示。

（五）扭转

扭转是在保持坯料轴线方向不变的情况下,将坯料的一部分相对于另一部分扭转一定角度的工序,如图 1.2.14 所示。

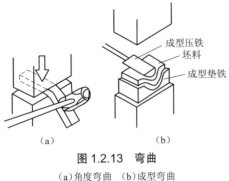

图 1.2.13　弯曲

(a)角度弯曲　(b)成型弯曲

图 1.2.14　扭转

（六）切割

将锻件从坯料上分割下来或切除锻件的工序称为切割,如图 1.2.15 所示。

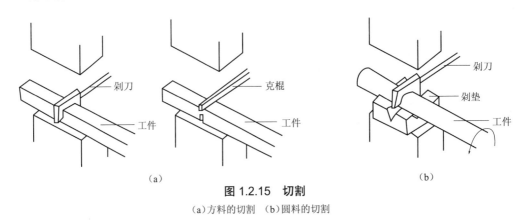

图 1.2.15　切割

(a)方料的切割　(b)圆料的切割

第三节　板料冲压

使板料经过分离或变形而获得制件的工艺统称为板料冲压,简称冲压。

板料冲压的坯料大都是厚度不超过 1～2 mm 的金属薄板,一般在常温下冲压。常用的原材料有低碳钢、低合金钢、奥氏体不锈钢及铜铝等低强度高塑性的材料。

一、冲压设备及冲模

（一）冲床

冲床是进行冲压加工的基本设备,常用的开式双柱冲床如图 1.2.16 所示。其中,电动机通过三角胶带减速系统带动轮转动,踩下踏板后,离合器闭合并带动曲轴旋转,再经过连杆带动滑块沿导轨做上、下往复运动,进行冲压加工。如果将踏板踩下后立即抬起,滑块冲压一次后便在制动器的作用下停在最高位上;如果踏板不抬起,滑块就进行连续冲压。

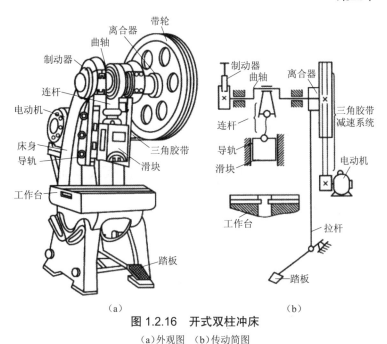

图 1.2.16 开式双柱冲床

（a）外观图 （b）传动简图

（二）冲模模具

冲裁时所用的模具称为冲裁模，如图 1.2.17 所示，它的组成及各部分的作用如下。

（1）模架。包括上、下模板和导柱、导套。上模板通过模柄安装在冲床滑块的下端，下模板用螺钉固定在冲床的工作台上。导柱和导套的作用是保证上、下模具对准。

（2）凸模和凹模。凸模和凹模是冲模的核心部分，凸模又称为冲头。冲裁模的凸模和凹模的边缘都磨成锋利的刃口，用来剪切板料使之分离。

（3）导料板和定位销。它们的作用是控制板料的送进方向和送进量。

（4）卸料板。它的作用是使凸模在冲裁以后从板料中脱出。

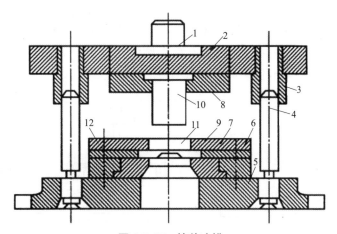

图 1.2.17 简单冲模

1—模柄；2—上模板；3—导套；4—导柱；5—下模板；6—压边圈；7—凹模；8—压板；9—导料板；10—凸模；11—定位销；12—卸料板

二、板料冲压的基本工序

(一)冲裁

冲裁是使板料沿封闭轮廓线分离的工序。

冲裁包括冲孔和落料,如图 1.2.18 所示。二者操作方法相同,但作用不同。冲孔是在板料上冲出所需要的孔洞,冲孔后的板料是成品,而冲下的部分是废料;落料是从板料上冲下的部分是成品,板料本身则成为废料或冲剩的余料。合理的确定零件在板料上的排列方式,是节约材料的重要途径。

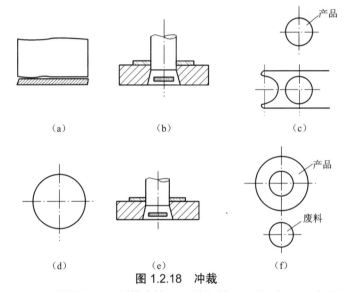

图 1.2.18 冲裁

(a)坯料 (b)落料过程 (c)冲剩的余料 (d)平板坯料 (e)冲孔过程 (f)产品和废料

(二)弯曲

弯曲是使坯料的一部分相对另一部分弯曲一定角度的冲压工序。与冲裁模不同,弯曲模冲头的端部与凹模的边缘,必须加工出一定的圆角,以防止工件弯裂。图 1.2.19 是一块板料经过多次弯曲后,制成具有圆截面的筒状零件的弯曲过程。

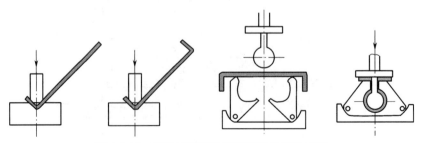

图 1.2.19 带有圆截面的筒状零件的弯曲过程

（三）拉深

拉深是将平面板料制成中空形状零件的工序，又称拉延。平面板料在拉深模作用下成为杯形或盒形工件，如图 1.2.20 所示。

为避免零件拉裂，冲头和凹模的工作部分应加工成圆角。冲头和凹模之间要留有相当于板厚 1.1~1.2 倍的间隙，以保证拉深时板料顺利通过。为减少摩擦阻力，拉深时要在板料或模具上涂润滑剂。同时为防止板料起皱，通常用压边圈将板料压住。

每次拉深时，板料的变形程度都有一定的限制，需经多次拉深才能完成。由于拉深过程中金属产生冷变形强化，因此拉深工序之间有时要进行退火，以消除硬化和恢复塑性。

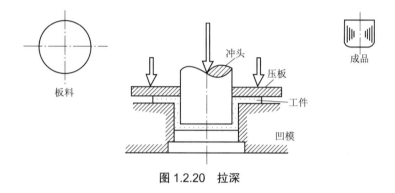

图 1.2.20 拉深

第三章　焊接

实训目的及要求：

（1）现场了解焊接设备（如电弧焊、气焊和气割等）的结构、工作原理和使用方法；

（2）了解焊接和气割生产的工艺过程、特点及应用方法以及常见的焊接缺陷；

（3）熟悉手工电弧焊焊接工艺参数，掌握电弧焊、气焊的基本操作技能，并能对焊接件初步进行工艺设计和质量分析，从中掌握更多的焊接知识；

（4）了解焊接常见缺陷及其产生原因，了解焊接生产安全以及技术。

焊接是一种永久性连接金属材料的工艺方法。它是现代工业生产中用来制造各种金属结构和机械零件的主要工艺方法之一。焊接是不同于螺钉连接、铆钉连接等机械连接的方法（图1.3.1），其实质就是利用加热或加压（或者加热和加压），使分离的两部分金属靠得足够近，原子互相扩散，形成原子间的结合。

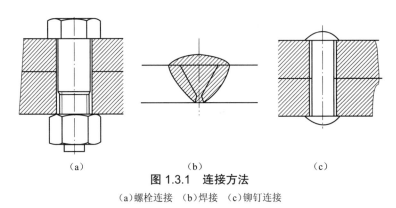

（a）　　　　　　（b）　　　　　　（c）

图 1.3.1　连接方法

（a）螺栓连接　（b）焊接　（c）铆钉连接

材料、型材或零件连接成零件或机器部件的方式有机械连接、物理化学连接和冶金连接（焊接）三类。这些连接成型技术在机械制造、建筑、车辆、石油化工、原子能、航空航天及各种尖端科学技术中发挥着积极的作用。机械连接是指用螺钉、螺栓和铆钉等紧固件将两分离型材或零件连接成一个复杂零件或部件的过程。物理和化学连接是用粘胶或钎料通过毛细作用、分子间扩散及化学反应等作用，将两个分离表面连接成不可拆接头的过程，通常指封接、胶接等。

焊接的种类很多，各种焊接从原理理论到焊接技术、工艺都有很大不同。但按焊接过程的物理特点可归纳为三大类，即熔焊、压焊和钎焊。

（1）熔焊。熔焊是利用局部加热的方法，把工件的焊接处加热到熔化状态，形成熔池，然后冷却结晶，形成焊缝，将两部分金属连接成为一个整体的工艺方法。

（2）压焊。压焊是在焊接过程中需要加热或加热和加压的一类焊接方法。

（3）钎焊。钎焊是利用熔点比母材低的钎料，使其熔化后，填充接头间隙并与固态的母材相互扩散实现连接的一种焊接方法。

　　焊接主要用于制造各种金属结构件,如锅炉、压力容器、管道、船舶、车辆、桥梁、飞机、火箭、起重机、冶金设备等;也用于制造机器零件(或毛坯),如重型机械和冶金、锻压设备的机架、底座、箱体、轴、齿轮等;还用于修补铸、锻件的缺陷和局部受损的零件,在生产中具有较大的经济意义;电气线路和各种元器件的连接,如电子管和晶体管电路、变压器绕组以及输配电线路中的导体也离不开焊接技术。焊接之所以得到如此广泛的应用,是因为它具有如下一系列特性。

　　(1)焊接的优点:

　　①连接性能好,密封性好,承压能力高;

　　②省料,重量轻,成本低;

　　③加工装配工序简单,生产周期短;

　　④易于实现机械化和自动化。

　　(2)焊接的缺点:

　　①焊接结构是不可拆卸的,更换修理不便;

　　②焊接接头的组织和性能往往会变坏;

　　③会产生焊接残余应力和焊接变形;

　　④会产生焊接缺陷,如裂纹、未焊透、夹渣、气孔等。

　　因此,工程技术人员要了解并掌握焊接技术,发挥其优点,抑制其缺点,让焊接工艺更好为生产服务。

第一节　焊条电弧焊

一、手工电弧焊的焊接过程

　　手工电弧焊通常又称为焊条电弧焊,属于熔化焊焊接方法之一,它是利用电弧产生的高温、高热量进行焊接的。

　　工件和焊条之间的空间在外电场的作用下,产生电弧(图1.3.2和图1.3.3)。该电弧的弧柱温度可高达6 000 K(阴极温度达2 400 K,阳极温度达2 600 K)。它一方面使工件接头处局部熔化,同时也使焊条端部不断熔化而滴入焊件接头空隙中,形成金属熔池。当焊条移开后,熔池金属很快冷却、凝固形成焊缝,使工件的两部分牢固地连接在一起。手工电弧焊的适用范围很广,是焊接生产中普遍采用的焊接方法。

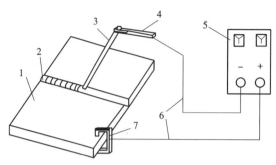

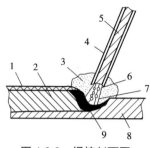

图 1.3.2　焊接示意图

1—零件；2—焊缝；3—焊条；4—焊钳；5—焊接电源；
6—电缆；7—地线夹头

图 1.3.3　焊接剖面图

1—熔渣；2—焊缝；3—保护气体；4—药皮；5—焊芯；
6—熔滴；7—电弧；8—母材；9—熔池

二、手工电弧焊焊接设备与工具

按照产生电流的种类和性质，手工弧焊机可分为交流弧焊机（即弧焊变压器）、直流弧焊机（即弧焊整流器）两类。

（一）交流弧焊机

交流弧焊机是一种特殊的降压变压器，它具有结构简单、噪声小、价格便宜、使用可靠、维护方便等优点，但电弧稳定性较差。BXl-330 型交流弧焊机是目前应用得较广的一种交流弧焊机，其外形如图 1.3.4 所示。型号中的"B"表示弧焊变压器；"X"表示下降外特征（电源输出端电压与输出端电流的关系称为电源的外特征）；"1"为系列品种序号；"330"表示弧焊机的额定焊接电流为 330 A。

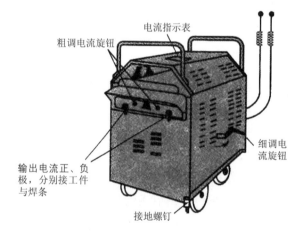

电流指示表

粗调电流旋钮

细调电流旋钮

输出电流正、负极，分别接工件与焊条

接地螺钉

图 1.3.4　BX1-330 型交流弧焊机

交流弧焊机可将工业用的电压（220 V 或 380 V）降低至空载时的电压（60～70 V）、电弧燃烧时的 20～35 V，电流调节范围为 50～450 A，其结构如图 1.3.4 所示。它的电流调节要经过粗调和细调两个步骤。粗调是改变焊机一次接线板上的活动接线片，以改变二次线圈匝数来实现。具体操作方法是改变线圈抽头的接法选定电流范围。细调是通过改变活动铁芯的位置来进行。具体操作方法是借转动调节手柄，并根据电流指示表将电流调节到所需参数。

交流弧焊机具有结构简单、易造易修、成本低、效率高等优点。但其电流波形为正弦波，电弧稳定性较差，功率因数低，但磁偏吹现象很少产生，空载损耗小，一般用于手工电弧焊、埋弧焊和钨极氩弧焊等。

交流弧焊机操作规程如下。

（1）操作前准备：

①检查电源总开关是否开启；

②检查引出线及各接线点是否良好；

③检查工作固线是否绝缘良好，焊条的夹钳绝缘是否良好；

④检查接地线、电焊工作回线及焊机场地是否有易燃易爆物品（若有应清除）。

（2）操作步骤：

①将开关旋钮顺时针转离"0"位至所需位置，焊机接通；

②将开关旋钮逆时针转至"0"位，焊机关闭。焊接当中发生异常情形应立即切断电源。

（二）直流弧焊机

直流弧焊机输出端有正、负极之分，弧焊机正、负极与焊条、焊件有两种不同的接法：将焊件接到正极，焊条接到负极，这种接法称为正接，又称正极性；反之，将焊件接到负极，焊条接至正极，称为反接，又称反极性。焊接厚板时，一般采用直流正接，这是因为电弧正极的温度和热量比负极高，采用正接能获得较大的熔深。焊接薄板时，为了防止烧穿，常采用反接。但在使用碱性焊条时，均采用直流反接。而采用交流弧焊机焊接时，由于两极不断变化，所以不存在正接反接这个问题。

直流弧焊机分为整流式直流弧焊机和逆变式直流弧焊机。

1. 整流式直流弧焊机

整流式直流弧焊机简称整流弧焊机，是通过整流器把交流电转变为直流电的弧焊机。整流弧焊机弥补了交流弧焊机稳定性差的缺点，且结构简单、制造方便、空载损失小、噪声小，但价格比交流弧焊机高。

图 1.3.5 是型号为 ZXG-300 的整流式直流弧焊机。型号中，"Z"表示弧焊整流器；"X"表示下降外特性；"G"表示该整流弧焊机采用硅整流原件；"300"表示整流弧焊机的额定焊接电流为 300 A。

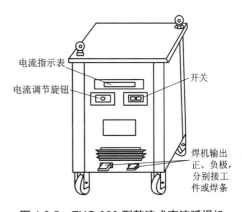

电流指示表
电流调节旋钮
开关
焊机输出
正、负极，
分别接工
件或焊条

图 1.3.5 ZXG-300 型整流式直流弧焊机

2. 逆变式直流弧焊机

逆变式直流弧焊机简称逆变弧焊机，它首先将输入电压整流滤波成直流电压，然后通过功率电子开关转换成高频的交流电压，接着再通过变压器将此电压变为适合焊接工艺要求的交流电压，最后经整流滤波变为直流焊接电压。逆变弧焊机具有高效节能、重量轻、体积小、调节速度快和良好的弧焊工艺性等优点。

（三）工具

进行手工电弧焊时，常用的工具有焊钳、面罩、钢丝刷和尖头锤。焊钳是用来夹持焊条进行焊接的工具。面罩用来保护眼睛和脸部,免受弧光危害。钢丝刷和尖头锤用于清理和除渣。

三、焊条的组成和特点

焊条是手工电弧焊采用的焊接材料,由焊芯和药皮两部分组成。

(一)焊芯

焊芯是焊条中被药皮包裹的金属丝,具有一定的直径和长度。焊芯的直径称为焊条直径,焊芯的长度称为焊条的长度。表1.3.1为常用焊条的直径和长度规格。

表 1.3.1　常见焊条的直径和长度规格 　　　　　　　　　　　单位:mm

焊条直径	2.0	2.5	3.2	4.0	5.0
焊条长度	250、350	250、350	350、400	350、400、450	450、450

在焊接过程中,焊芯的作用主要是:作为电极传导电流,产生电弧;熔化后作为填充金属,与熔化的母材一起形成焊缝金属。

(二)药皮

药皮是压涂在焊芯表面上的涂料层,由矿石粉、铁合金粉和黏结剂等原料按照一定比例配制而成,其主要作用如下。

(1)改善焊条的工艺性:使电弧稳定、飞溅少、产生有害气体少、焊缝成型美观、易脱渣等。

(2)机械保护作用:利用药皮熔化后产生的气体和形成的熔渣,对熔化金属起机械隔离作用。

(3)冶金作用:去除有害杂质,如氧、氢、硫、磷等,同时增填有益的合金元素,来改善焊缝金属质量,提高焊缝金属力学性能。

(三)焊条的种类及选用

焊条的种类很多,按照用途分为:结构钢焊条、钼和铬钼耐热钢焊条、不锈钢焊条、堆焊焊条、低温钢焊条、铸铁焊条、铜和铜合金焊条、铝和铝合金焊条、特殊用途焊条等。

焊条按照熔渣化学性质的不同,可分为酸性焊条和碱性焊条。其中,酸性焊条是指药皮熔化后形成的熔渣以酸性氧化物为主的焊条,如E4304、E5003等,它的工艺性好,力学性能差;碱性焊条是指熔渣以碱性氧化物和氟化物为主的焊条,如E4315、E5015等,它的力学性能好,但工艺性差。

焊条型号是国家标准中的焊条代号,如标准规定碳钢焊条型号是以字母"E"加四位数字组成,例如E4315。其中字母"E"表示焊条;前两位数字表述熔敷金属抗拉强度的最小值;第三位数字表示焊接位置("0"和"1"表示焊条适用于全位置焊接,即平焊、立焊、横焊、仰焊,"2"表示焊条适用于平焊、平角焊等);第三、第四位数字组合时表示焊条的药皮类型及适用的电源种类。

焊条牌号是焊条行业统一的焊条代号,常用的酸性焊条牌号有 J422、J502 等,碱性焊条牌号有 J427、J506 等。牌号中的"J"表示结构钢焊条;三位数字的前两位"42"或"50"表示焊缝金属的抗拉强度等级,分别为 420 MPa 或 500 MPa;最后一位数表示药皮类型和焊接电源种类,1~5 为酸性焊条,使用交流或直流电源均可,6~7 为碱性焊条,只能用直流电源。

四、焊接工艺

(一)焊接接头

焊接接头是指用焊接方法连接的接头,常见的焊接接头形式有对接接头、搭接接头、角接接头和 T 形接头等,如图 1.3.6 所示。

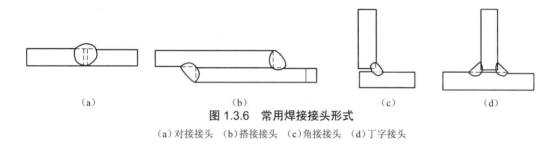

（a）　　　　　　　　　（b）　　　　　　　　（c）　　　　　　　（d）

图 1.3.6　常用焊接接头形式

（a）对接接头　（b）搭接接头　（c）角接接头　（d）丁字接头

（1）对接接头:是指两焊件表面构成的近似 180°角的接头形式。对接接头受力均匀,应力集中,是最常用的焊接接头形式。

（2）搭接接头:是指两焊件部分重叠构成的接头。搭接接头消耗钢板较多,在受外力作用时,因两工件不在同一平面上,故能产生很大的力矩,使焊缝应力复杂,一般应避免使用。但是搭接接头不需要开坡口,装配时尺寸要求不高。因此,对于一些不太重要的结构件,采用搭接接头可省工时。

（3）角接接头:是指两焊件端部构成一明显夹角的接头。

（4）丁字接头:是指一焊件端面与另一焊件表面构成直角或者近似直角的接头。

(二)坡口形式

在使用对接接头焊接焊件时,在焊件接头处只需留出一定间隙即可焊透。如果焊件厚度大于 6 mm,焊前需要把焊件的待焊部位加工成一定的几何形状(即坡口),以便于焊条能深入底部引弧焊接,保证焊透。开坡口时,应留出 1~3 mm 的钝边,以免焊穿。

常见的对接接头的坡口形式有 I 形坡口、Y 形坡口、双 Y 形坡口和带钝边 U 形坡口,如图 1.3.7 所示。

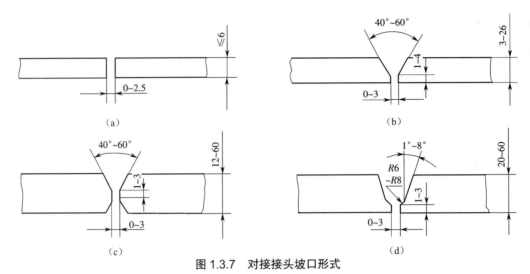

图 1.3.7　对接接头坡口形式

(a)I 形坡口　(b)Y 形坡口　(c)双 Y 形坡口　(d)带钝边 U 形坡口

在焊接较厚的焊件时,为了焊满坡口,常采用多层焊或多层多道焊,如图 1.3.8 所示。

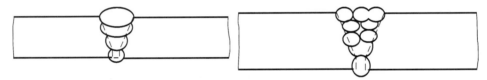

图 1.3.8　Y 形坡口多层焊

(三)焊接空间位置

焊接空间位置是指焊接时焊缝所处的空间位置,可分为平焊、立焊、横焊和仰焊等,如图 1.3.9 所示。其中,平焊操作最容易,且劳动条件好,生产效率高,焊缝质量好。因此焊接时,最好采用平焊,立焊、横焊次之。

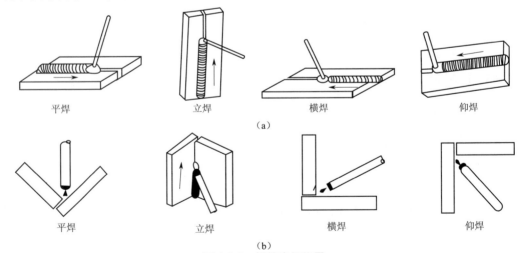

图 1.3.9　焊接空间位置

(a)对接接头　(b)角接接头

（四）焊接工艺参数

焊接工艺参数是为了保证焊接质量和效率而选定的诸物理量的总称。手工电弧焊的工艺参数主要有焊条直径、焊接电流、电弧电压、焊接速度等。

1. 焊条直径

焊条直径的选取主要取决于焊件的厚度。焊件较厚时,应选择较粗的焊条;焊件较薄时,则选择较细的焊条。一般情况下,可参考表 1.3.2 选择焊条直径。立焊和仰焊时,焊条直径比平焊时细些。

表 1.3.2　依据焊接厚度近似选择焊条直径　　　　单位:mm

焊件厚度	< 4	4~7	8~12	> 12
焊条直径 d	<焊件厚度	3.2~4.0	4.0~5.0	4.0~5.8

2. 焊接电流

焊接电流应根据焊条直径来选取。对一般的钢焊件,可以根据下面的经验公式来确定:

$$I = Kd$$

式中　I——焊接电流,A;

　　　K——焊接直径,mm;

　　　d——经验系数,其值见表 1.3.3。

表 1.3.3　依据焊条直径近似选择经验系数

焊条直径 d(mm)	1.6	2.0~2.5	3.2	4.0~5.8
经验系数 K(A/mm)	20~25	25~30	30~40	40~50

在实际生产中,电流大小的选取还应考虑焊件的厚度、接头形式、焊接位置、焊条种类等具体情况。在保证焊接质量的前期下,应尽量选用较大的焊接电流,配合较快的速度,以提高焊接生产效率。

3. 焊接速度

焊接速度是指单位时间内焊接电流沿焊件接缝处移动的距离。焊接速度对焊接质量有很大的影响,焊接速度过快,易产生焊缝熔深、焊宽太小及未焊透等缺陷;而焊接速度过慢,会导致焊缝熔深、熔宽增加,焊接薄件时可能产生烧穿缺陷。实训时薄板焊接一般控制在要求焊缝长度大体等于焊条长度。

4. 电弧电压

电弧电压是指电弧两极之间的电压降。电弧电压由电弧长度(焊芯熔化端到焊接熔池表面的距离)决定,电弧长则电压高,反之则低。但是电弧也不能过长,因为电弧太长,电弧飘摆,燃烧不稳定,使得熔深较小,熔宽加大,容易产生焊接缺陷;若电弧太短,熔滴过度时,可能造成短路,使操作困难。合理的电弧长度是小于或等于焊条直径。

五、焊接过程

（一）备料

按图纸要求对原材料画线,并裁剪成一定形状和尺寸。注意选择合适的接头形式,当工件较厚时,接头处还要加工出一定形状的坡口。

（二）施焊

焊条电弧焊是在面罩下观察和进行操作的,视野不清,工作条件较差。因此,要保证焊接质量,不仅要求有较为熟练的操作技术,还应注意力高度集中。

1. 引弧

引弧是指使焊条和焊件之间产生稳定的电弧。引弧的方法有敲击法和划擦法（图 1.3.10）,即首先将焊条末端与焊件表面轻敲或轻划形成短路,然后迅速将焊条提起 2～4 mm,电弧即可引燃。如距离超过 5 mm,电弧就会熄灭;提起速度太慢,焊条就会粘在工件表面上,这时可左右摆动焊条,拉起焊条重新起弧。两种方法中划擦法比较容易掌握,适于初学者操作。焊接前,应把工件接头两侧 20 mm 范围内的表面清理干净（消除铁锈、油污、水分）,并使焊条芯的端部金属外露,以便进行短路引弧。

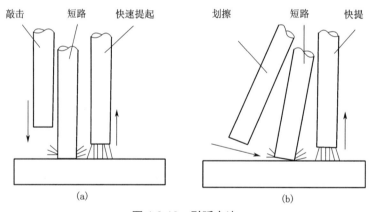

图 1.3.10　引弧方法

（a）敲击法　（b）划擦法

开始焊接时,由于焊件温度较低,引弧后不能迅速使这部分焊件升温,所以熔深较浅,为了保证焊接质量,可在引弧后先将电弧稍微拉长些,对焊件进行必要的预热后,再适当地压低电弧进行焊接。

2. 运条

为了使焊接过程顺利进行,并使焊缝成型效果好,应掌握好焊条角度和运条基本动作,如图 1.3.11 所示。运条有三个基本运动:沿焊接方向移动、横向摆动和向下送进。其中,沿焊接方向移动的速度应与焊条熔化的速度保持一致,如果移动速度太快则焊不透,太慢则焊缝太宽,甚至会烧穿焊件;横向摆动是为了获得所需要的焊缝宽度;向下送进是焊条向熔池方向不断送进,送进的速度应与焊条熔化的速度相一致,以维持稳定的电弧长度。

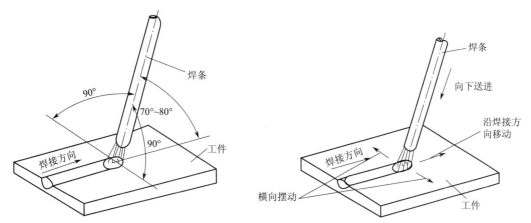

图 1.3.11　平焊时焊条空间位置和焊条基本运动

3. 焊缝的收尾(灭弧、熄弧)

收尾时将焊条端部逐渐往坡口边斜角方向拉,同时逐渐抬高电弧,以缩小熔池,减小金属量及热量,使灭弧处不致产生裂纹气孔等。灭弧时焊接处堆高弧坑的液态金属会使熔池饱满过度,因此焊好后应锉去或铲去多余部分。

常用的收尾操作方法有多种,如图 1.3.12 所示。其中画圈收尾法,是利用手腕做圆周运动,直到弧坑填满后再拉断电弧;二是反复断弧收尾法,在弧坑处反复地熄弧和引弧,直到填满弧坑为止;三是回焊收尾法,到达收尾处后停止焊条移动,但不熄弧,待填好弧坑后拉起来灭弧。

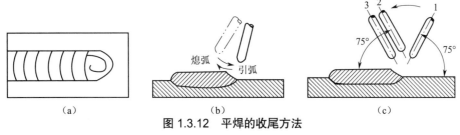

　(a)　　　　　　　　　　(b)　　　　　　　　　(c)

图 1.3.12　平焊的收尾方法

(a)画圈收尾法　(b)反复断弧收尾法　(c)回焊收尾法

4. 丁字接头的平角焊

当焊脚小于 6 mm 时,可用单层焊,选用直径 4 mm 的焊条,采用直线形或斜圆形运条法,焊接时保持短弧,防止产生偏焊及垂直板上咬边(见图 1.3.13)。焊脚在 6~10 mm 时,可用两层两道焊,焊第一层时,选用 3.2~4 mm 焊条。采用直线形运条法,必须将顶角焊透,以后各层可选用 4~5 mm 焊条;采用斜圆形运条法,要防止产生偏焊及咬边现象。

5. 搭接横角焊

搭接横角焊时,主要的困难是上板边缘易受电弧高温熔化而产生咬边,同时也容易产生偏焊,因此必须掌握好焊接角度和运条方法,基本原则是电弧要偏向于厚板一侧,其偏角的大小可依板厚来决定（1.3.14）。

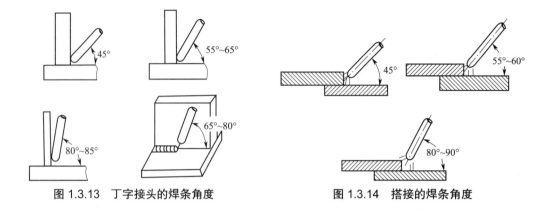

图 1.3.13　丁字接头的焊条角度　　　　　　　图 1.3.14　搭接的焊条角度

第二节　气焊与气割

气焊是利用气体火焰燃烧产生的高热来熔化母材和填充材料焊接金属的一种焊接方法，如图 1.3.15 所示。气焊最常用的气体是乙炔，乙炔与氧气混合燃烧形成的火焰叫氧乙炔焰，温度可达到 3 200 ℃。与手工电弧焊相比，气焊的熔池温度容易控制，易于实现均匀焊透，单面焊双面成型；气焊设备简单，移动方便，施工场地不受限制，不需要电源，便于焊前预热及焊后缓冷，尤其适用于野外施工。但是气焊火焰温度较低，热量分散，加热较慢，生产效率低，焊件变形严重，且接头组织粗大，机械性能差。

气焊主要用于焊接厚度 3 mm 以下的低碳钢薄板、薄壁管子以及铸铁件的补焊，对于铝、铜及其合金，当质量要求不高时，也可以采用气焊。

一、气焊设备

气焊设备由氧气瓶、乙炔瓶（或者氧气发生器）、减压器、回火保险器、焊炬等组成，如图 1.3.16 所示。

图 1.3.15　气焊解剖示意图

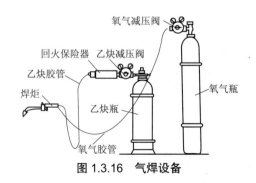

图 1.3.16　气焊设备

（一）氧气瓶

氧气瓶是存储和运输氧气的高压容器,如图 1.3.17 所示。常用的氧气瓶的容积为 40 L,在 15 MPa 工作压力下,可储存 6 m³ 的氧气。氧气瓶的外瓶应涂成天蓝色,并用黑漆写上"氧气"字样。为防止氧气瓶爆炸,使用时应注意:放置氧气瓶一定要平稳可靠,不得与其他瓶混放在一起;运输时应避免相互碰撞;氧气瓶不得靠近气焊工作场地和其他热源(如火炉、暖气片等);严禁在瓶上沾染油脂;夏天要防止暴晒,冬季阀门冻结时严禁用火烤。

（二）乙炔瓶

乙炔瓶是存储和运输乙炔用的容器,如图 1.3.18 所示,其外表与氧气瓶相似,只是外表涂成白色,并写上"乙炔"和"火不可近"字样。由于乙炔是易爆气体,因此在乙炔瓶内应装有含有丙酮的多孔性填料,使乙炔稳定而又安全地储存在瓶内。在乙炔瓶阀下面的填料中应放有石棉,作用是促使乙炔从多孔性填料中分解出来。

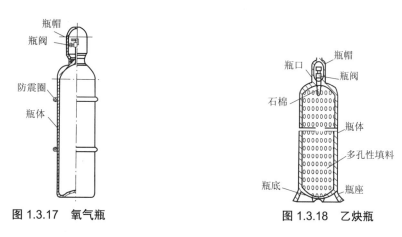

图 1.3.17 氧气瓶　　　　　　　　图 1.3.18 乙炔瓶

使用乙炔瓶时,除了应遵守氧气瓶的使用要求外,还应注意:乙炔瓶必须配备回火保险器,瓶内温度不得超过 30 ℃;搬运、装卸、存放和使用时应竖直放稳,不得遭受剧烈震动;乙炔瓶和氧气瓶之间距离不得小于 5 m;存放乙炔瓶的场地应注意通风。

（三）减压器

减压器是将高压气体降为低压气体的调节装置,减压器的作用是降低气瓶输出的气体压力,并保证降压后的气体压力稳定,而且可以调节输出气体的压力。

（四）回火保险器

回火保险器是装在乙炔减压器和焊炬之间,防止火焰沿乙炔管道回烧的安全装置。正常气焊时,气体火焰在焊嘴外面燃烧。但当气体压力不足、焊嘴阻塞、焊嘴离焊件太近或者焊嘴过热时,气体火焰会进入喷嘴内逆向燃烧(即回火)。发生回火时,应立即关闭乙炔阀。

（五）焊炬

焊炬是用于控制火焰进行焊接的工具。焊炬的作用是将氧气和乙炔按照一定的比例混合均匀，由焊嘴喷出，点火后形成氧-乙炔火焰。按照气体混合方式的不同，焊炬分为射吸式和等压式两种，其中，射吸式应用比较广泛，其结构如图1.3.19所示。

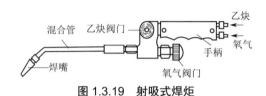

图1.3.19 射吸式焊炬

（六）焊丝与气焊熔剂

1. 焊丝

焊丝是焊接时作为填充材料与融化的母材一起形成焊缝的金属丝。一般情况下，焊丝的化学成分应与母材相匹配，例如，焊接低碳钢时，常用的焊丝为H08和H08A。此外，为了保证焊接接头质量，焊丝直径与焊件厚度不易相差太多。

2. 气焊熔剂

气焊熔剂又称气剂火焊粉，是气焊时的助熔剂，其作用是去除焊接过程中形成的氧化物，增加液态金属的流动性，保护熔池金属。气焊低碳钢时，由于气体火焰能充分保护焊接区，因此不需要气焊熔剂。但在气焊铸铁、不锈钢、耐热钢和非铁金属时，必须使用气焊熔剂。

二、气焊火焰

改变乙炔和氧气的混合比例，可以得到三种不同的火焰，即中性焰、碳化焰和氧化焰，如图1.3.20所示。

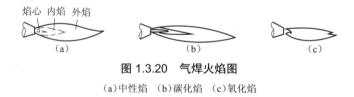

图1.3.20 气焊火焰图

(a)中性焰　(b)碳化焰　(c)氧化焰

（一）中性焰

中性焰是氧气与乙炔的混合比为1.1~1.2时燃烧形成的火焰，由焰心、内焰和外焰三部分组成，如图1.3.20(a)所示。中性焰在焰芯前面2~4 mm处温度最高，可达到3 150℃。中性焰的火焰燃烧充分，燃烧产生的二氧化碳和一氧化碳对熔池有保护作用。中性焰主要用于焊接低碳钢、中碳钢、不锈钢、紫铜、铝及其合金等。

（二）碳化焰

碳化焰是氧气与乙炔的混合比小于 1.1 时燃烧形成的火焰,由焰心、内焰和外焰三部分组成,碳化焰整个火焰比中性焰长,但最高温度只有 2 700 ℃~3 000 ℃,如图 1.3.20（b）所示。碳化焰燃烧时乙炔过剩,火焰中有游离状态的碳和过量氢,碳会渗透到熔池中造成焊缝增碳现象。碳化焰主要应用于焊接含碳较高的高碳钢、铸铁、硬质合金及高速钢等。

（三）氧化焰

氧化焰是氧气与乙炔的混合比大于 1.2 时燃烧形成的火焰,由焰心和外焰两部分组成,整个火焰比中性焰短,最高温度可达 3 100 ℃~3 300 ℃,如图 1.3.21（c）所示。氧化焰燃烧时氧气过剩,在尖形焰心外面形成一个具有氧化性的富氧区,故对熔池有强烈的氧化作用,一般气焊时不宜采用,只有在气焊黄铜、镀锌板时才采用轻微氧化焰。

三、气焊基本操作

（一）点火、调节火焰与灭火

点火时,先微开氧气阀,再打开乙炔阀,随后点火,这时的火焰是碳化焰。然后,慢慢开大氧气阀门,将碳化焰调整到所需的火焰。火焰大小可以按照焊件厚度调整。若要增大火焰,需先增加乙炔,后增加氧气;若要减小火焰,需先减少氧气,后减少乙炔。

灭火时,应先关乙炔阀,再关氧气阀,以防止引起回火现象。当发生回火时,应迅速关闭氧气阀,然后再关掉乙炔阀。

（二）焊接工艺

气焊时,一般右手持焊炬,左手持焊丝。两手的动作要协调,然后沿焊缝向左或向右焊接。

焊接时,应使焊嘴轴线的垂直投影与焊缝重合,并控制好焊嘴与焊件的夹角。开始焊接时,为迅速加热焊件,尽快形成熔池,倾斜角应大些,一般为 80°~90°,熔池形成后,倾角应保持在 40°~50°。但是焊接厚工件时,为使热量集中、升温快、熔池大,倾斜角应适当加大;焊接结束后,夹角应适当减小,以填满弧坑。

四、氧气切割

（一）气割原理

氧气切割简称气割,是利用气体火焰的热能将工件待切处预热到一定温度后,喷出高压氧气流,使金属燃烧并放出热量实现切割的方法,如图 1.3.21 所示。中间孔一般通氧气,周围圆柱孔通乙炔气。

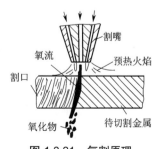

图 1.3.21　气割原理

57

气割的原理是:气割开始时,用气体火焰将待割处附近的金属预热到燃点,然后打开切割氧气阀,纯氧射流使高温金属燃烧,生成的高温金属氧化物被燃烧热熔化,并被氧流吹掉。金属燃烧产生的热量和预热火焰同时又把邻近的金属预热到燃点。此时,割炬沿切割线以一定速度移动便形成割口。

在整个气割过程中,割件金属没有熔化。因此,气割的实质是金属在纯氧中的燃烧,而不是金属的熔化。

（二）金属气割条件

金属材料必须具备以下条件,才能进行气割。

（1）金属材料的燃点必须低于熔点,这样才能保证金属在固体状态下燃烧,而不是熔化。如果金属材料的熔点低于燃点,则金属在气割过程中首先熔化,由于液态金属的流动性,割口处会不整齐。

（2）金属生成的氧化物的熔点应低于金属本身的熔点,同时流动性要好,否则将在割口处形成固态氧化物,从而阻碍氧气流与切割处金属的接触,使切割过程不能顺利进行。金属燃烧时能放出大量的热,而且金属本身的导热性要低。这样才能保证气割处的金属具有足够的预热温度,使气割能顺利进行。铜、铝及其合金的导热都很快,不能气割。

满足上述条件的金属有低碳钢、中碳钢、低合金结构钢和纯铁等,而铸铁、不锈钢、铜、铝等均不满足上述条件,不能进行气割。

（三）气割设备

气割设备中,除用割炬代替焊炬外,其他设备（氧气瓶、乙炔瓶、减压器、回火保险器等）与气焊时相同。割炬按照可燃性气体与氧气混合的方式不同,可分为射吸式和等压式两种。其中,射吸式割炬主要应用于手工气割,其结构如图 1.3.22 所示;等压式割炬主要应用于机械气割。

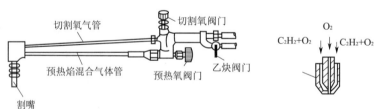

图 1.3.22 射吸式割炬及喷气割嘴

第三节 其他焊接方法

一、气体保护焊

气体保护焊是利用外加气体作为电弧介质,并利用它来保护电弧和焊接区的电弧焊。

常用的气体保护焊有二氧化碳气体保护焊和氩弧焊。

（一）二氧化碳气体保护焊

二氧化碳气体保护焊简称 CO_2 焊，是利用 CO_2 气体作为保护介质的气体保护焊。CO_2 焊的操作方式分为半自动和自动两种。其中，半自动 CO_2 焊在生产中应用最广泛，其设备主要包括焊接电源、焊枪、送进系统、供气系统和控制系统等，如图 1.3.23 所示，喷嘴结构如图 1.3.24 所示。焊接时，电源需采用直流反接。

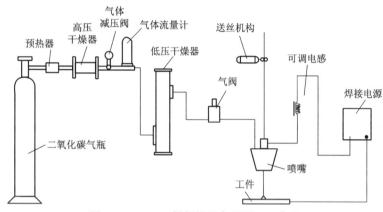

图 1.3.23　CO_2 焊焊接设备及原理示意图

CO_2 焊的优点是：由于焊接采用 CO_2 气体，因此成本低廉；焊接电流密度大，热量利用率高，因此生产效率高；焊接薄板时，比气焊速度快，变形小；操作灵活，适用于各种位置的焊接；焊缝抗裂性能和力学性能好，焊接质量高。

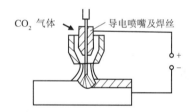

图 1.3.24　CO_2 焊焊接喷嘴示意图

（二）氩弧焊

用氩气作为保护气体的电弧焊称为氩弧焊，按电极材料不同可分为非熔化极（钨极）氩弧焊和熔化极氩弧焊两种，如图 1.3.25 所示。

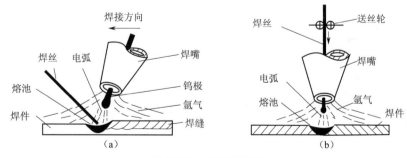

图 1.3.25　氩弧焊喷嘴

（a）非熔化极氩弧焊　（b）熔化极氩弧焊

氩气是一种惰性气体,它既不与金属起化学反应,也不溶解于熔池中,能有效地保护焊体,而且电弧热量集中,焊件热影响区小,焊件变形小,因此焊接接头质量高。此外,氩弧焊时无熔渣,故不需清渣,无夹渣缺陷;可进行全位置的焊接,并能焊接 0.5 mm 以下的薄板。所以,它适用于铝、钛、镁、铜及其合金和各种不锈钢、耐热钢等难焊材料的焊接;但因氩气价格较贵,氩弧焊主要用于重要结构的焊接。

第四节　焊接质量与缺陷分析

一、焊接缺陷

在焊接生产过程中,焊接方式选择不合适或焊接操作方法不当,均会产生各式各样的焊接缺陷,从而直接影响焊接接头的质量及焊接结构的安全性。常见的焊接缺陷有咬边、烧穿、未焊透、夹渣、气孔等,见表 1.3.4。

表 1.3.4　常见焊接缺陷及产生原因

名称	简图	特征	原因
咬边		在焊件与焊缝边缘的交界处有小的沟槽	(1)焊接电流太大; (2)电弧过长; (3)运条方法或焊条角度不恰当
烧穿		在焊接接头区域内出现金属局部破裂现象	(1)坡口间隙太大; (2)电流太大或者焊速太慢
未焊		焊接时,接头根部未完全焊透	(1)焊接速度过快,焊接电流太小; (2)坡口间隙或角度小
夹渣		焊后在焊缝金属中残留非金属夹杂物	(1)焊接电流太小,焊接速度太快; (2)多层焊时,各层熔渣未清除干净
气孔		焊接时,熔池中融入的气体(如 H_2、N_2、CO 等)在凝固时未能逸出,形成气孔	(1)焊件有油、锈、水等杂质; (2)焊接电流太大、速度过快或弧长过长
裂纹		在焊接过程中或焊接后,在焊接接头区域内出现金属局部破裂	(1)熔池中含有较多的硫、磷或氢; (2)焊接顺序不当; (3)焊接应力过大
焊瘤		熔化金属流到焊缝外未熔化的母材上形成的金属瘤	电流过大或焊速太慢,一般发生在立焊或仰焊中

二、常见焊接缺陷检验方法

（一）外观检验

焊接后利用样板、低倍放大镜或肉眼检验焊接产品，以发现表面缺陷及检测焊接件外观尺寸精度，形状精度。

（二）无损检验

无损检验包括着色检验、射线检验、超声波检验和磁粉检验 4 种方法，其特点如下所述。

（1）着色检验：将着色剂喷洒、刷涂或浸渍在被检查的物体上，通过其流动和渗透来检验焊件表面的微小缺陷。

（2）射线检验：利用 X 或 γ 射线对焊件进行照相，然后根据底片影像判断焊件是否存在内部缺陷。

（3）超声波检验：用探头向焊件发射超声波，通过发射后形成的脉冲波形来检验焊件质量。

（4）磁粉检验：利用焊件被磁化后磁粉会吸附在缺陷处的现象来判断焊件是否存在缺陷。

（三）致密性检验

致密性检验主要用于检测不受压或压力很低的容器、管道的焊缝是否存在穿透性缺陷，其方法是向容器内注入 1.25~1.5 倍工作压力的水或等于工作压力的气体，然后在其外部观察有无渗漏现象。

另外，在检验焊件时，还可以采用破坏性检验，即从焊件或试样上切取试样，或以产品的整体破坏做试验，来检验其各种力学性能、化学成分和金相组织。

第二篇　钳工

第一章 钳工简介

实训目的和要求：

（1）掌握划线、锯削、锉削、攻螺纹和套螺纹的方法及应用；

（2）掌握钳工常用工具、量具的使用方法；

（3）了解钻床的组成、运动和用途；

（4）了解机械装配的基本知识，能装拆简单部件。

一、钳工内涵

对机器的装配和修理。

钳工以手工操作为主，使用手工工具（如刮刀、锉刀、手锯等）或机动工具（如机动锉刀、电钻等）完成对零件的制造工作及其基本操作，有划线、錾削、锯削、锉削、钻孔、扩孔、铰孔、攻螺纹、套螺纹、刮削及研磨等。这些操作大多是在老虎钳上进行的。

钳工是一项比较复杂、细微、工艺要求较高的工作。目前虽然有各种先进的加工方法，但钳工由于所用工具简单，加工多样灵活、操作方便，适应面广等特点，很多工作仍需要由钳工来完成。因此钳工在机械制造及机械维修中有着特殊的、不可取代的作用。但钳工操作的劳动强度大、生产效率低、对工人技术水平要求较高。

钳工的基本任务如下：

（1）加工前的准备工作，如清理毛坯，在工件上划线，确定加工面位置并为安装定位做准备等；

（2）在单件或小批量生产中，制造一般的零件，或进行钻孔、扩孔、铰孔和攻丝等加工；

（3）加工精密零件如挫样板、研磨量具、刮削重要配合面等；

（4）装配、调试和修理。

由此可见，钳工贯穿于粗加工（划线、钻孔等），精加工（研磨、刮研等），装配，修理等各个阶段。虽然社会发展，科技进步，逐步使大部分钳工作业实现了机械化和自动化，但在机械制造过程中钳工仍是广泛应用的基本技术，其原因是：划线、刮削、研磨和机械装配等钳工作业，至今尚无适当的机械化设备可以全部代替；某些精密的样板、模具、量具和配合表面（如导轨面和轴瓦等），仍需要依靠工人的手艺做精密加工；在单件小批生产、修配工作或缺乏设备条件的情况下，采用钳工制造某些零件仍是一种经济实用的方法。钳工作业的质量和效率在很大程度上取决于操作者的技艺和熟练程度。

二、分类

（一）按用途分

（1）普通钳工：对零件进行装配、修整、加工的人员。

（2）维修钳工：主要从事各种机械设备的维修、修理工作。

（3）工具钳工：主要从事工具、模具、刀具的制造和修理。

（4）装配钳工：按机械设备的装配技术要求进行组件、部件装配和总装配，并进行调整、检验和试车。

（二）按行业门类分

按行业门类钳工可分为机修钳工、安装钳工、划线钳工、工模具钳工、钣金钳工和电器钳工。

（三）按等级分

钳工共设五个等级，分别为初级（国家职业资格五级）、中级（国家职业资格四级）、高级（国家职业资格三级）、技师（国家职业资格二级）、高级技师（国家职业资格一级）。

三、常用设备

钳工常用设备有钳桌（钳工工作台）、老虎钳、砂轮机、钻床等。

（一）钳桌

钳桌是用来安装老虎钳、放置工件和工具的工作台，如图 2.1.1 所示。钳工工作台一般用角铁和坚实木材制成。工作台台面高度为 800~900 mm，台前有防护罩。

（二）老虎钳

老虎钳是夹持工件的主要工具，其规格用钳口宽度来表示，常用的有 100 mm、125 mm 和 150 mm 三种规格。安装在钳工工作台的边缘，老虎钳有固定式和回转式两种，如图 2.1.1 和图 2.1.2 所示。

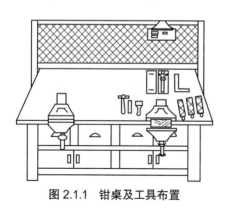

图 2.1.1　钳桌及工具布置

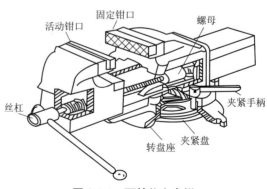

图 2.1.2　可转位老虎钳

使用老虎钳时应注意以下几点：

（1）工件尽量夹持在钳口中部，使钳口受力均匀；

（2）当转动手柄夹紧工件时，松紧要适当，且只能用手来扳紧手柄，不得借助其他工具加力，以免损坏老虎钳丝杠或螺母上的螺纹；

（3）夹持工件的光洁表面时，应垫铜皮或铝皮加以保护。

第二章 常见钳工工艺

第一节 划线

划线是指在工件的毛坯或半成品上按照零件图样要求的尺寸划出待加工部位轮廓界限或找正线的一种操作。

一、划线的用途

（1）为机械加工做准备：在机械加工前，可以划出工件表面的加工余量，以作为工件安装找正及切削加工的基准。

（2）检验毛坯的形状和尺寸：借助划线来检查毛坯的形状和尺寸是否合格，避免把不合格的毛坯投入机械加工而造成浪费。

（3）合理分配加工余量：当毛坯有缺陷，但误差不太大时，通过借料划线法可以以多补少，避免报废毛坯。

二、划线的种类

划线分为平面划线和立体划线。

（1）平面划线：是指在工件的一个平面上划线，如图 2.2.1 所示。

（2）立体划线：是指在工件的几个表面上划线，即在工件的长、宽和高三个方向上划线，如图 2.2.2 所示。

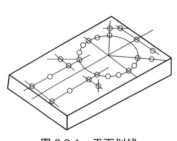

图 2.2.1 平面划线

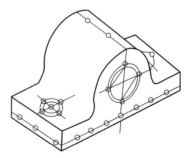

图 2.2.2 立体划线

三、划线的工具及其用途

常用的划线工具有划线平板、千斤顶、V 形铁、方箱、划针、划卡、划规、划线盘和高度游标卡尺等。

（1）划线平板：划线平板是划线的主要基准工具。一般为经过精研的铸铁平板，如图 2.2.3 所示。上表面是划线基准面，要求平直，光滑。各处要求均匀使用，以免局部磨损；更不准敲击碰撞。长期不用时要涂油防锈，并加面罩保护。

（2）方箱：方箱是用铸铁制成的空心立方体，它的相邻平面相互垂直，相对平面相互平行。方箱可用来夹持较小的工件，并根据需要转换划线的位置。如图 2.2.4 所示，通过在平板上翻转方箱，可以划出相互垂直的两条直线。

图 2.2.3 铸铁划线平板

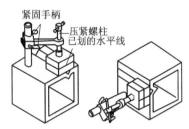

图 2.2.4 用方箱固定工件

（3）千斤顶：千斤顶是在平板上支撑较大工件或不规则工件用的，如图 2.2.5 所示。调整千斤顶的高度可找正工件。

（4）V 形块：V 形块是用于支撑圆形工件，使其轴线与平板平行，如图 2.2.6 所示。

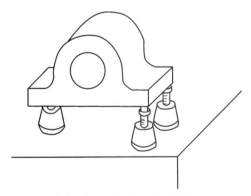

图 2.2.5 千斤顶支撑工件定位

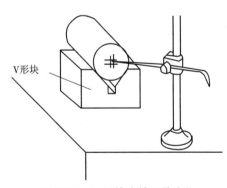

图 2.2.6 V 形块支撑工件定位

（5）量高尺：由钢直尺和尺座组成，配合划线盘量取高度尺寸画线，如图 2.2.7 所示。

（6）高度尺：能直接划出高度尺寸，其精度一般为 0.02 mm，可作为精密划线工具，有电子显示、游标尺两部分，如图 2.2.8 所示。

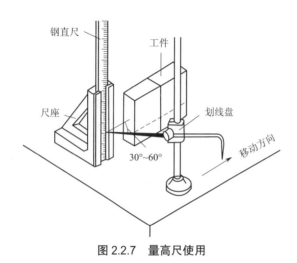

图 2.2.7　量高尺使用

图 2.2.8　高度尺局部图

（7）直角尺：直角尺主要用于划相互垂直的直线，如图 2.2.9 所示。

（8）划针：划针是在工件表面划线用的工具，常用直径 3~6 mm 的工具钢或弹簧钢丝制成，其形状及使用方法如图 2.2.9 和图 2.2.10 所示。

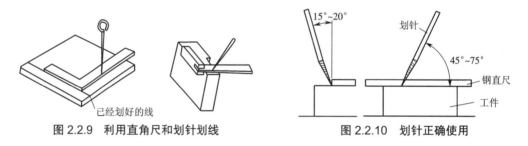

图 2.2.9　利用直角尺和划针划线　　　　图 2.2.10　划针正确使用

（9）划规：划规是用来划圆或圆弧、等分线段及量取尺寸的工具，如图 2.2.11 所示。

（10）划线盘：划线盘主要用于立体划线和校正工件位置，如图 2.2.7 所示。用划线盘划线时，要注意划针装夹要牢固，底座保持与划线平板贴紧。

（11）样冲：样冲是在划好线的工件上打出样冲眼的工具。样冲的使用如图 2.2.12 所示。

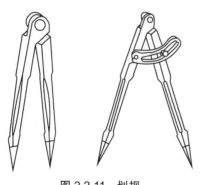

图 2.2.11　划规

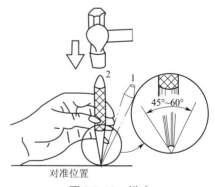

图 2.2.12　样冲

1—对准；2—敲击

四、划线基准

划线基准是指开始划线时,选定的用来调整每次划针或游标高度的基准面。划线基准的选择原则是:

(1)尽量使划线基准与图样上的设计基准一致;

(2)尽量选用精确的已加工表面和使工件处于稳定位置的表面,或者重要孔的中心线为划线基准。

五、划线实例——轴承立体划线

在掌握了前面所学的知识后,这里给图2.2.13(a)所示轴承座划线,具体操作步骤如下。

(一)分析图样,确定划线基准和支撑方法

首先根据图2.2.13(a)所示轴承来确定图形的极限尺寸,以检查毛坯是否合格;然后确定轴承的划线部位,包括底面、$\phi50$ 内孔、2-$\phi13$ 螺纹孔以及前、后两平面。由于 $\phi50$ 内孔为重要表面,要保证其加工余量均匀。因此应以 $\phi50$ 内孔的两条相互垂直的中心线为划线基准。

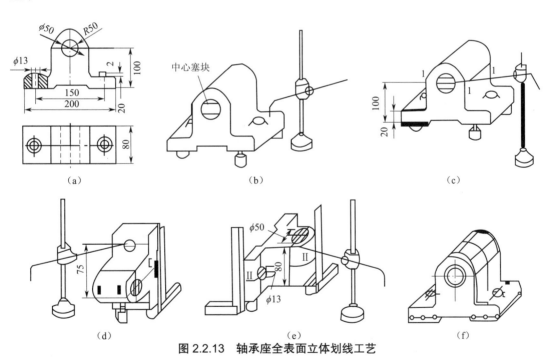

图2.2.13　轴承座全表面立体划线工艺

由于轴承的形状不规则,所以应采用三个千斤顶支撑。

(二)准备工作

首先清理工件上的毛刺、铁屑等,以免影响划线的准确性和线条的清晰度;然后在划线

部位涂上一层与工件表面颜色不同的涂料;最后用铅块或木块堵塞空孔,以备划线及确定孔的中心位置。

（三）支撑、找正工件

用三个千斤顶支撑工件,并依孔中心及上平面调节千斤顶,使工件水平,如图 2.2.13（b）所示。

（四）划水平线

划出基准线及轴承底座四周的加工线,如图 2.2.13（c）所示。

（五）划其他线条并打样冲眼

将工件翻转 90°,在一个方向或两个方向上用直角尺找正后划螺钉孔中心线,如图 2.2.13（d）所示;继续将工件翻转 90°,并用直角尺在两个方向上找正后,划螺钉孔线以及两大端加工线,如图 2.2.13（e）所示;最后检查划线是否准确,用样冲打样冲眼,如图 2.2.13（f）所示。

第二节　锯削

锯削是用手锯锯断工件或在工件表面锯出沟槽的操作。手锯的构造如图 2.2.14 所示。

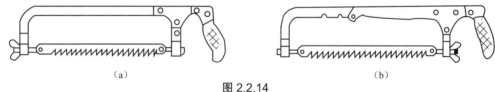

图 2.2.14
（a）固定式手锯　（b）可调式手锯

手锯由锯弓和锯条两部分组成。其中,锯弓是用来夹持和拉紧锯条的工具,有固定式和可调式两种,由于可调式锯弓的长度可以调整,能安装不同规格的锯条,而且锯柄形状便于握持和施力,故目前应用广泛;锯条是用来直接锯削材料或工件的工具,一般由渗碳钢冷轧制成,也有用碳素工具钢或合金钢制造的,锯条的长度以两端装夹孔的中心距来表示,常用的锯条长为 300 mm,宽为 12 mm,厚为 0.8 mm。

制造锯条时,锯齿按照一定的形状左右错开,排成波浪形,安装时保证锯齿朝前。锯齿按照齿距大小分为粗齿、中齿和细齿三种。其中,粗齿是指每 25 mm 上有 14 ~ 18 个齿的锯齿,主要用于锯削软钢、铝、紫铜和人造胶质材料等;中齿是指每 25 mm 上有 22~24 个齿的锯齿,主要用于锯削中等硬度的钢、硬质轻合金、黄铜和厚壁管子等;细齿是指每 25 mm 上有 32 个齿的锯齿,主要用于锯削板材和薄壁管子等。

锯削的步骤和方法如下。

（一）锯条的选用

锯削前应根据被加工材料的软硬、厚薄来选用锯条。一般来说，锯削软材料或厚材料时选用粗齿锯条；锯削硬材料或薄材料时选用细齿锯条。

锯削薄材料时锯削面上至少有 3 个齿应同时参加锯削，以免锯齿被钩住或崩断。

（二）工件的安装

安装工件时应尽可能将工件夹在老虎钳的左侧，以免操作时碰伤左手。工件伸出要短，以免锯削时颤动。

注意①齿尖朝前；②松紧适中；③锯条无扭曲。

（三）锯削操作

起锯时应用左手拇指抵住锯条，右手稳推手柄，起锯角度应稍小于 15°，如图 2.2.15 所示。锯弓往复行程要短，压力要小，锯条应与工件表面垂直。当锯出锯口后，应逐渐将锯弓改至水平方向。当锯削过渡到锯弓呈水平状态时，需双手握锯。锯弓应直线往复，不可摇摆；左手施压，右手推进；前推时施压，返回时应从工件上轻轻滑过，不施压；锯削速度不宜过快，通常每分钟往复 20~60 次，一般往复长度不得少于锯条全长的 2/3，以免锯条中间部分迅速锯钝；锯削钢料时，应加机油润滑，以延长提高锯条寿命。

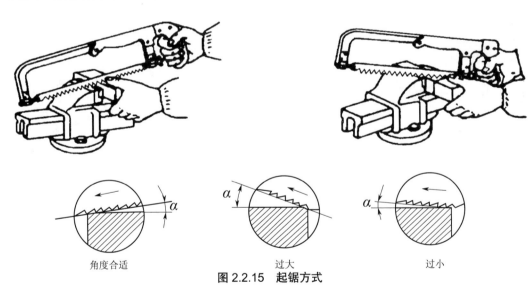

角度合适　　　　　　过大　　　　　　过小

图 2.2.15　起锯方式

（四）锯削方法

（1）锯削圆钢。锯削圆钢时，如果对端面质量要求较高，那么应从起锯开始以一个方向锯到结束；如果对端面质量要求不高，则可以从几个方向起锯，使锯削面变小，以提高工作效率，如图 2.2.16（a）所示。

（2）锯削圆管。锯削圆管之前应将圆管夹持在两块 V 形木衬垫之间，以防夹扁或夹坏表面。锯削时,应只锯到圆管的内壁处,然后工件向推锯方向转一定角度,接着再继续锯削,如图 2.2.16(b)所示。

(3)锯削薄板。锯削薄板之前应将薄板夹持在两块木板之间,或者用多片薄板叠在一起锯削,以增加工件的刚性,避免薄板在加工过程中振动和变形,如图 2.2.16(c)所示。

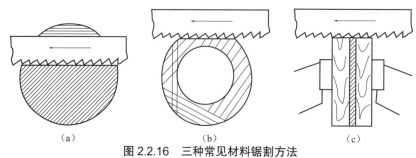

（a）　　　　　　　　　　（b）　　　　　　　　　（c）

图 2.2.16　三种常见材料锯割方法

（a）锯条远边起锯　（b）锯条近边起锯　（c）锯削薄板

(4)深缝锯削。当锯缝的深度超过锯弓的高度时(图 2.2.17(a)),应将锯条转过 90°重新安装,使锯弓转到工件的侧面,如图 2.2.17(b)所示,也可以将锯齿向内转过 180°安装,使锯齿在锯弓内进行锯削,如图 2.2.17(c)所示。同时,须将工件装高,使锯削部位处于钳口附近,防止工件产生振动而影响锯削质量或损坏锯条。

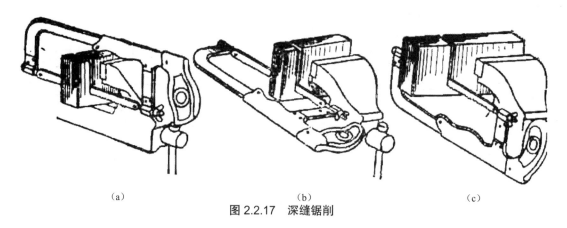

（a）　　　　　　　　　　（b）　　　　　　　　　（c）

图 2.2.17　深缝锯削

锯条崩齿原因:起锯角度太大、起锯用力太大、工件钩住锯齿。

第三节　锉削

用锉刀从零件表面锉掉多余的金属,使零件达到图样要求的尺寸、形状和表面粗糙度的操作叫作锉削。锉削加工范围包括平面、台阶面、角度面、曲面、沟槽和各种形状的孔等。

锉刀是锉削的主要工具,锉刀用高碳钢(T12、T13)制成,并经热处理淬硬至 62～67 HRC。锉刀的构造如图 2.2.18 所示。

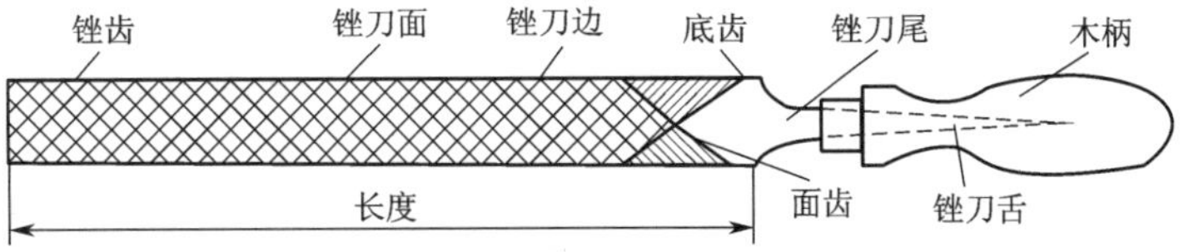

图 2.2.18　锉刀的构造

一、锉刀分类

（一）按用途分

锉刀按用途可分为普通锉、特种锉、整形锉（什锦锉）三类。

（二）按锉齿大小分

锉刀按锉齿大小可分为粗齿锉、中齿锉、细齿锉和油光锉等。其中，粗锉刀（4~12 齿），齿间大，不易堵塞，适用于粗加工或锉铜、铝等软金属；细锉刀（13~24 齿），适用于锉削钢和铸铁等工件；油光锉又称为光锉刀，只用于最后的表面修光。锉刀越细，锉出的表面粗糙度越小，精度越高。

（三）按齿纹分

锉刀按齿纹可分为单齿纹和双齿纹。单齿纹锉刀的齿纹只有一个方向，与锉刀中心线呈 70°，一般用于锉软金属，如铜、锡、铅等。双齿纹锉刀的齿纹有两个互相交错的排列方向，先剁上去的齿纹叫底齿纹，后剁上去的齿纹叫面齿纹。底齿纹与锉刀中心线呈 45°，齿纹间距较疏；面齿纹与锉刀中心线呈 65°，间距较密。由于底齿纹和面齿纹的角度不同、间距疏密不同，所以锉削时锉痕不重叠，锉出来的表面平整而且光滑。

（四）按断面形状分

锉刀按断面形状可分为以下几类。
（1）板锉（平锉）（图 2.2.19（a））：用于锉平面、外圆面和凸圆弧面。
（2）方锉（图 2.2.19（b））：用于锉平面和方孔。
（3）三角锉（图 2.2.19（c））：用于锉平面、方孔及 60° 以上的锐角。
（4）圆锉（图 2.2.19（d））：用于锉圆、孔和内弧面。
（5）半圆锉（图 2.2.19（e））：用于锉平面、内弧面和大的圆孔。
普通锉刀的规格一般是用锉刀的长度，齿纹类别和锉刀断面形状表示。

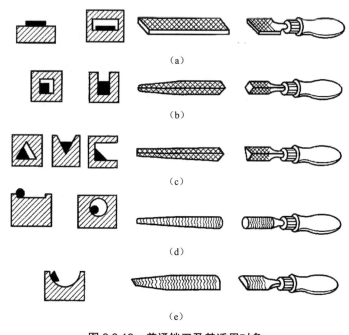

图 2.2.19 普通锉刀及其适用对象

(a)板锉 (b)方锉 (c)三角锉 (d)圆锉 (e)半圆锉

二、锉削操作

(一)锉刀的选用

锉削前应根据被锉材料的软硬、加工表面的形状、加工余量的大小、工件表面粗糙度的要求来选用锉刀。

(二)工件的装夹

在锉削前工件必须夹持在老虎钳钳口中部,并略高于钳口。当夹持已加工面和精密工件时,应使用铜或者铝制的钳口衬。

(三)锉刀的握法

锉刀的握法随锉刀的大小和工件大小、加工部位的不同而改变。当使用大锉刀(250 mm 以上)锉削工件时,应用右手紧握锉刀柄,柄部顶在掌下,大拇指放在锉刀柄的上部,其余手指握紧锉刀柄,如图 2.2.20 所示。当使用中锉刀(250 mm 和 200 mm)锉削工件时,因用力较小,左手的大拇指和食指握着锉刀前端,右手与握持大锉刀的方法相同,如图 2.2.21(a)和(b)所示。当使用小锉刀(200 mm 以下)锉削工件时,只需用右手握住锉刀柄即可,如图 2.2.21(c)所示。

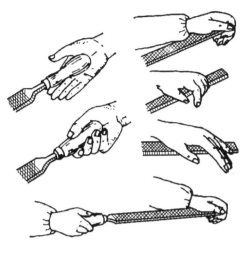

图 2.2.20　大锉刀握法

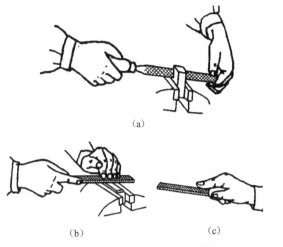

（a）

（b）　　　　　　　（c）

图 2.2.21　中、小锉刀握法

（a）、（b）中锉刀　（c）小锉刀

（四）锉削姿势与锉削用力

锉削时,右腿伸直,左腿弯曲,两脚都应站稳不动。身体的重心要落在左脚上,并向前倾斜,锉削过程中靠左脚的屈伸使身体做往复运动。锉削时的站立位置,如图 2.2.22 所示。两手握住锉刀放在工件上面,身体与钳口方向约成 45°角,右臂弯曲,右小臂与锉刀锉削方向成一直线,左手握住锉刀头部,左臂呈自然状态,并在锉削过程中,随锉刀运动稍做摆动。

开始锉削时,身体稍向前倾 10°左右,重心落在左脚上,右脚伸直,右臂在后准备将锉刀向前推进,如图 2.2.23（a）所示。

当锉刀推至三分之一行程时,身体前倾到 15°左右,如图 2.2.23（b）所示。锉刀再推三分之一行程时,身体倾斜到 18°左右,如图 2.2.23（c）所示。当锉刀继续推进最后三分之一行程时,身体随着反作用力退回到 15°左右,两臂则继续将锉刀向前推进到头,如图 2.2.23（d）所示。锉削行程结束时,锉刀稍微抬起,左脚逐渐伸直,将身体重心后移,并顺势将锉刀退回到初始位置,锉削速度控制在每分钟 40 次左右。

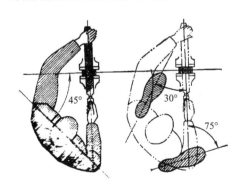

图 2.2.22　锉削站立位置

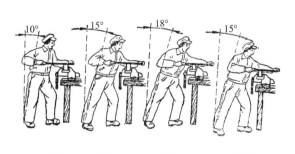

（a）　　　（b）　　　（c）　　　（d）

图 2.22.23　锉削动作分解

锉削时,用手压在锉刀上向前推的力应使锉刀始终保持平衡状态,即随着锉刀的推进,右手的压力要逐渐增加,而左手的压力逐渐减小,使锉刀保持水平,以便把工件锉平。锉刀返回时,不宜压紧工件,以免磨钝锉刀。

（五）检验

锉削时,工件的尺寸应用钢尺和卡尺检验;工件的平面度以及垂直度应用直角尺和塞尺来检查,如图 2.2.24 所示。

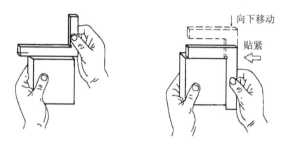

图 2.2.24　利用直角尺检验锉削表面平面度以及垂直度

（六）平面锉削的方法

锉削平面的方式有顺锉法、交叉锉法和推锉法,如图 2.2.25 所示。

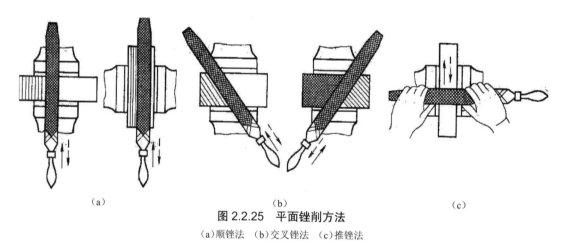

　　　　（a）　　　　　　　　　　（b）　　　　　　　　　　（c）
图 2.2.25　平面锉削方法
(a)顺锉法　(b)交叉锉法　(c)推锉法

（1）顺锉法:是指沿较窄表面的方向进行的锉削方法,锉刀的切削运动是单方向的,目的是使锉削的平面美观,主要适用于较小平面的锉削。图 2.2.25(a)中,左图所示方法多用于粗锉,右图所示方法多用于修光。

（2）交叉锉法:是指锉刀的切削运动与工件夹持方向成 30°～40°,且锉纹交叉的锉削方法。交叉锉主要适用于较大平面的锉削,由于锉刀和工件的接触面较大,锉刀比较平稳,因此交叉锉易锉出较平整的平面。

（3）推锉法:是指锉刀的切削运动与工件加工表面的长度方向垂直的锉削方法。锉削时,应用两手紧握锉刀,拇指抵住锉刀侧面,沿工件表面平稳地推进锉刀,以锉出光洁的表面。推锉法主要适用于工件表面的修光。

对于一般平面,粗锉时用交叉锉法,不仅锉得快,而且可以利用锉痕判别加工部分是否达到尺寸。基本锉平后,用顺锉法进行锉削进一步提高平面精度,降低粗糙度,并获得平直的锉纹;最后用细锉或油光锉以推锉法修光。

(七)锉圆弧面的方法

锉圆弧面的方法是滚法,如图2.2.26(a)所示。当锉外圆弧面时,锉刀即向前推进,又绕圆弧面中心摆动。当锉内圆弧面时,锉刀不仅向前推进,而且自身还要做旋转运动。

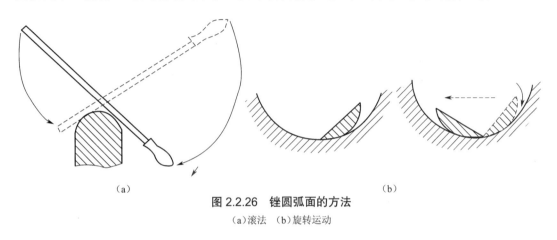

（a）　　　　　　　　　　　　　　　　　　（b）

图2.2.26　锉圆弧面的方法

(a)滚法　(b)旋转运动

(八)通孔的锉削

通孔的锉削根据通孔的形状、工件的材料、加工余量、加工精度和表面粗糙度来选择所需的锉刀。通孔的锉削方法如图2.2.27所示。

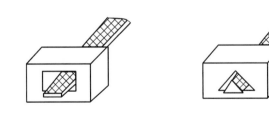

图2.2.27　通孔的锉削

第四节 孔的加工

一、孔加工常用设备

大家知道无论什么机器,从制造每个零件到最后装成机器,几乎都离不开孔,这些孔就是通过如铸、锻、车、镗、磨和钻、扩、铰、锪等加工形成的。选择不同的加工方法所得到的精度、表面粗糙度不同。合理选择加工方法有利于降低成本,提高工作效率。

钳工上加工孔的方法主要有钻孔、扩孔和铰孔等。它们分别属于粗加工、半精加工和精加工(俗称钻、扩、铰)。钻、扩、铰可在车床、镗床和铣床上进行,也可以在钻床上进行。

钻孔是用钻头在实体材料上加工孔的方法。钻孔时,工件固定不动,钻头旋转并做轴向移动。钻孔的主运动是钻头的旋转运动,进给运动是钻头的轴向移动。钻孔所能达到的公差等级为 IT12 左右,表面粗糙度 Ra 值为 12.5 μm。

钳工钻孔有两种方法,一种是在钻床上钻孔,一种是用手电钻(图 2.2.28)钻孔。前一种多用于零件加工,后一种多用于修配修理。

(一)台式钻床

台式钻床简称台钻(图 2.2.29),结构简单,使用方便。其主轴转速可通过改变传动带在塔轮上的位置来调节,主轴的轴向进给运动是靠扳动进给手柄来实现的。台钻主要用于加工孔径在 12 mm 以下的工件。

(二)立式钻床

立式钻床简称立钻,如图 2.2.30 所示,功率大,刚性好。主轴的转速可以通过扳动主轴变速手柄来调节,主轴的进给运动可以实现自动进给,也可以利用进给手柄实现手动进给。立钻主要用于加工孔径在 50 mm 以下的工件。

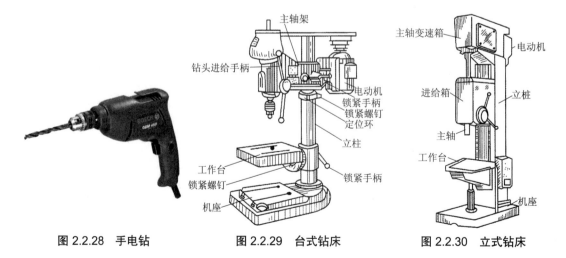

图 2.2.28 手电钻　　　　图 2.2.29 台式钻床　　　　图 2.2.30 立式钻床

（三）摇臂钻床

摇臂钻床结构（图 2.3.31），比较复杂，操纵灵活，它的主轴箱装在可以绕垂直立柱回转的摇臂上，并且可以沿摇臂的水平导轨移动，摇臂还可以沿立柱做上下移动。摇臂钻床的变速和进给方式与立钻相似，由于摇臂可以方便地对准孔中心，所以摇臂钻床主要用于大型工件的孔加工，特别适合于多孔件的加工。

除钻孔外，钻床还可以完成其他好多工作，如扩孔、铰孔、攻螺纹、锪孔、锪凸台等，如图 2.2.32 所示。

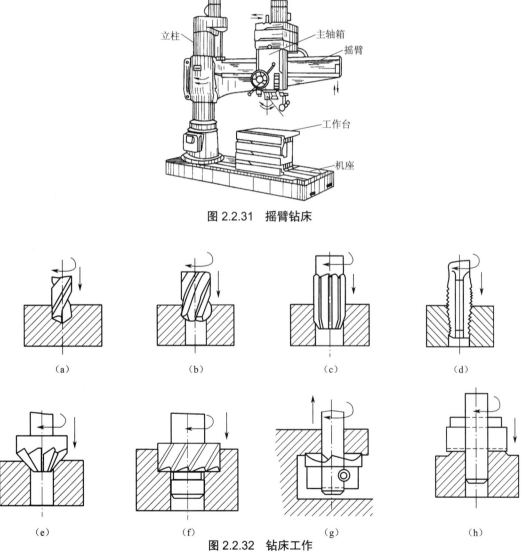

图 2.2.31　摇臂钻床

图 2.2.32　钻床工作

（a）钻孔　（b）扩孔　（c）铰孔　（d）攻螺纹　（e）锪锥孔　（f）锪柱孔　（g）反锪沉坑　（h）锪凸台

二、钻孔的步骤及其注意事项

（一）准备工作

钻孔前应先划线、打样冲眼，孔中心的样冲眼要大些，以便找正中心后使钻头横刃落入样冲眼的锥坑中。

（二）工件装夹

在立钻和台钻上钻孔时，工件常用老虎钳、平口钳、V 形铁和压板螺栓进行装夹，如图 2.2.33 所示。装夹工件时，应使孔中心线与钻床工件台面垂直，夹紧要均匀，装夹要稳固。

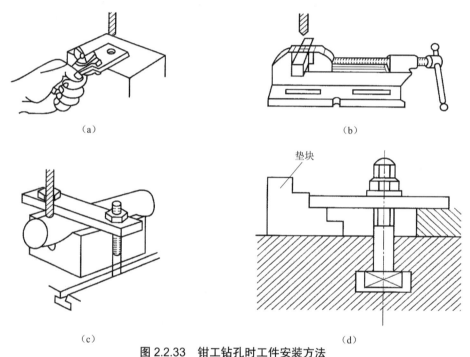

（a）   （b）

垫块

（c）   （d）

图 2.2.33　钳工钻孔时工件安装方法
（a）虎钳夹持工件　（b）平口钳夹持工件　（c）V 形铁夹持工件　（d）压板螺栓夹持工件

（三）钻头的选择、安装与拆卸

直径小于 30 mm 的孔可以直接钻出；直径大于 30 mm 的孔应分两次钻出，其方法是首先选择直径为 0.5～0.7 mm 的钻头钻出小孔，以减小轴向力，然后再用所需直径的钻头扩大孔径。

钻头的安装拆卸方法如图 2.2.34 所示。按其柄部的形状不同而异，锥柄钻头可以直接装入钻床主轴锥孔内，较小的钻头可用过渡套筒安装，如图 2.2.34（a）所示。直柄钻头用钻夹头安装，如图 2.2.34（b）所示。钻夹头（或过渡套筒）的拆卸方法是将楔铁插入钻床主轴侧边的扁孔内，左手握住钻夹头，右手用锤子敲击楔铁卸下钻夹头，钻夹头直接用固紧扳手

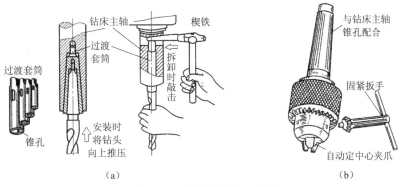

插入钻夹头小口内,转动扳手带动自动定心夹爪加紧或松开钻头。

图 2.2.34 钻头的安装与拆卸

(a)过渡套筒 (b)钻头夹

(四)钻孔方法

按划线钻孔时,先打好样冲眼,便于打正引钻,钻削时先钻一浅坑,检查是否对中,如有偏斜,校正后再钻削;在斜面上钻孔,先铣出鱼眼坑,用中心钻钻出定心坑,再钻孔。如果试钻的浅孔没有偏离孔中心,则应选用较高的速度向下进给,以免钻头在工件表面晃动而不能切入。快钻透时,速度要降低,以免钻透时切削力的改变而折断钻头。钻深孔时,要经常退出钻头以排屑和冷却,否则可能使切屑堵塞在孔内卡断钻头,或由于过热而造成钻头磨损。

(五)切削液的选择

钻削钢件时,为了降低表面粗糙度多使用机油作为切削液,为了提高生产效率多使用乳化液;钻削铝件时,多用乳化液和煤油作为切削液;钻削铸铁件时,多用煤油作为切削液。

(六)切削用量的选择

主轴的转速应根据孔径大小和工件材料等情况而定。当钻大孔时转速应低些;钻小孔时,转速应高些;钻硬材料时,转速应低些,以免折断钻头。

三、孔的其他加工手段——扩孔、锪孔、铰孔

(一)扩孔

扩孔主要用于扩大工件上已有的孔,其切削运动与钻削相同,如图 2.2.35 所示。扩孔可以作为终加工,也可以作为铰孔前的预加工。扩孔所用的刀具是扩孔钻。扩孔尺寸公差等级可达 IT10~IT9,表面粗糙度可达 3.2 μm。扩孔是孔的半精加工手段。

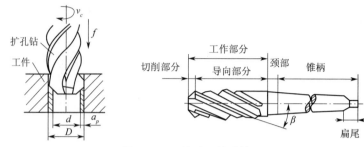

图 2.2.35　扩孔及扩孔钻

扩孔可作为终加工,也可作为铰孔前的预加工。

(二)锪孔

锪孔是在孔口表面用锪孔钻加工出一定形状的孔或凸台的平面,称为锪孔。例如,锪圆柱形埋头孔、锪圆锥形埋头孔、锪用于安放垫圈的凸台平面、钻孔预备平面等,如图 2.2.36 所示。

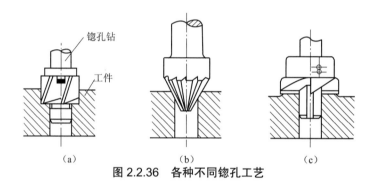

图 2.2.36　各种不同锪孔工艺

(三)铰孔

铰孔是孔的精加工手段。铰孔可分粗铰和精铰。精铰加工余量较小,只有0.05~0.15 mm,尺寸公差等级可达 IT8~IT7,表面粗糙度可达 0.8 μm。铰孔前工件应经过钻孔、扩孔(或镗孔)等加工。铰孔时,要根据工作性质、零件材料,选用适当的切削液,以降低切削温度,提高加工质量。

铰刀是孔的精加工刀具。铰刀分为机铰刀和手铰刀两种,机铰刀为锥柄,手铰刀为直柄,如图 2.2.37(a)所示。铰刀一般是制成两支一套,其中一支为粗铰刀(它的刃上开有螺旋形分布的分屑槽),一支为精铰刀。

手铰孔方法:将铰刀插入孔内,两手握铰杠手柄,顺时针转动并稍加压力,使铰刀慢慢向孔内进给,注意两手用力要平衡,使铰刀铰削时始终保持与零件垂直,且自始至终铰刀不能倒转,保证铰刀校准部分不能全部伸出,以免孔的出口被拉伤。铰刀退出时,也应边顺时针转动边向外拔出。

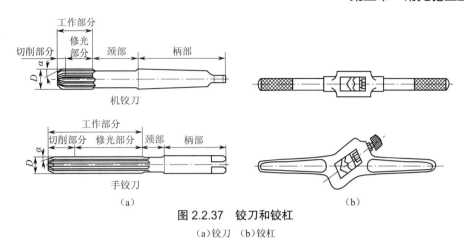

图 2.2.37 铰刀和铰杠
(a)铰刀 (b)铰杠

钻—扩—铰是典型的小孔加工工艺方案,但因为是用成型刀具加工,孔的精度有成型刀具保证,所以只能保证孔的尺寸精度,形状精度,不能保证孔和其他表面的位置精度,如果零件表面有多个孔,而且要求孔距的尺寸精度以及孔轴线之间的平行度等,那么必需加工前通过钻模板保证孔的位置精度。

钻头、扩孔钻、铰刀也可装在车床、铣床上进行加工。手铰刀可以手持对中等精度孔进行精加工,不是必须装在钻床上。

第五节　攻螺纹(攻丝)与套螺纹(套扣)

一、螺纹及钳工加工工具

工件外圆柱表面上的螺纹称为外螺纹,工件内圆孔壁上的螺纹称为内螺纹。在钳工操作中,用丝锥加工工件内螺纹,称为攻螺纹,又称攻丝。用板牙加工工件外螺纹,称为套螺纹,又称套扣。攻螺纹和套螺纹一般用于加工普通螺纹。攻螺纹和套螺纹所用工具简单,操作方便,但生产效率低,精度不高,主要用于单件或小批量的小直径螺纹加工。

攻螺纹的主要工具是丝锥和铰杠(扳手)。丝锥是加工小直径内螺纹的成型刀具,一般用高速钢或合金工具钢制造,丝锥由工作部分和柄部组成,如图 2.2.38 所示。

工作部分包括切削部分和校准部分。切削部分制成锥形,使切削负荷分配在几个刀齿上,切削部分的作用是切去孔内螺纹牙间的金属;校准部分的作用是修光螺纹并引导丝锥的轴向移动。丝锥上有 3~4 条容屑槽,以便容屑和排屑。柄部方头用来与铰杠配合传递扭矩。

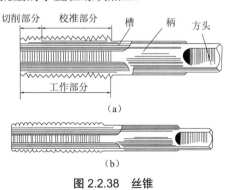

图 2.2.38　丝锥
(a)头锥 (b)二锥

丝锥分为手用丝锥和机用丝锥,手用丝锥用于手工攻螺纹,机用丝锥用于在机床上攻螺纹。通常丝锥由两支组成一套,使用时先用头锥,再用二锥,头锥完成全部切削量的大部分,剩余小部分切削量由二锥完成。

铰杠是用于夹持丝锥和铰刀的工具,如图2.2.37(b)所示。

套螺纹的主要工具是板牙和板牙架,如图2.2.39所示。板牙是加工小直径外螺纹的成型刀具,一般用合金钢制造。板牙的形状和圆形螺母相似,它在靠近螺纹外径处钻了3~4个排屑孔,并形成了切削刃。中间部分是校准部分,校准部分是起修光螺纹和导向作用的,板牙的外圆柱面上有四个锥坑和一个V形槽,两个锥坑的作用是通过板牙架上两个紧固螺钉将板牙紧固在板牙架内,以便传递扭矩。另外两个锥坑是在板牙磨损后,将板牙沿V形槽锯开,拧紧板牙架上的调节螺钉,螺钉顶在这两个锥坑上,使板牙微量缩小以补偿板牙磨损。

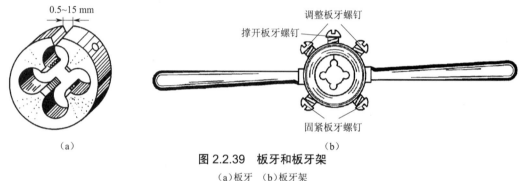

图 2.2.39　板牙和板牙架

(a)板牙　(b)板牙架

板牙架是夹持板牙传递扭矩的工具,板牙架与板牙配套使用,为了减少板牙架的规格,一定直径范围内板牙的外径是相等的,当板牙外径与板牙架不配套时,可以加过渡套或使用大一号的板牙架。

二、操作工艺

(二)攻螺纹前螺纹底孔直径和深度的确定

攻螺纹时主要是切削金属形成螺纹牙形,但也有挤压作用,塑料材料的挤压作用更明显。所以,攻螺纹前螺纹底孔直径要大于螺纹的小径、小于螺纹的大径,具体确定方法可以用查表法(见有关手册)确定,也可以用以下经验公式计算:

$$D_0 = D - P \quad (适用于韧性材料)$$

$$D_0 = D - 1.1P \quad (适用于脆性材料)$$

式中　D_0 —— 底孔直径,mm;

　　　D —— 螺纹大径,mm;

　　　P —— 螺距,mm。

攻不通孔的螺纹时,由于丝锥不能攻到底,所以底孔深度要大于螺纹部分的长度。其钻孔深度 L 由下列公式确定:

$$L = L_0 + 0.7D$$

式中　L_0——所需的螺纹深度,mm;

D——螺纹大径,mm。

(二)套螺纹(套扣)前工件直径的确定

套螺纹主要是切削金属形成螺纹牙形,但也有挤压作用,所以套螺纹前如果工件直径过大则难以套入,如果工件直径过小则套出的螺纹不完整。工件直径应小于螺纹大径,大于螺纹小径,具体确定方法可以用查表法确定(见有关手册),也可以用以下公式计算:

$$D_0 = D - 0.2P$$

其中　D_0——底孔直径,mm;

D——螺纹大径,mm;

P——螺距,mm。

(三)攻螺纹

攻螺纹时用铰杠夹持住丝锥的方尾,将丝锥放到已钻好的底孔处,保持丝锥中心与孔中心重合。开始时右手握铰杠中间,并用食指和中指夹住丝锥,适当施加压力并顺时针转动,使丝锥攻入工件1~2圈,用目测或直角尺检查丝锥与工件端面的垂直度,垂直后用双手握铰杠两端平稳地顺时针转动铰杠,每转1~2圈要反转1/4圈(图2.2.40,以利于断屑排屑。攻螺纹时双手用力要平衡,当感到扭矩很大时不可强行扭动,应将丝锥反转退出。在钢件上攻螺纹时要加机油润滑。

(四)套螺纹

套螺纹时用板牙架夹持住板牙,使板牙端面与圆杆轴线垂直。开始时右手握板牙架中间,稍加压力并顺时针转动,使板牙套入工件1~2圈(图2.2.41),检查板牙端面与工件轴心线的垂直度(目测),垂直后用双手握板牙架两端平稳地顺时针转动,每转1~2圈要反转1／4圈,以利于断屑。在钢件上套螺纹也要加机油润滑,以提高质量和延长板牙寿命。

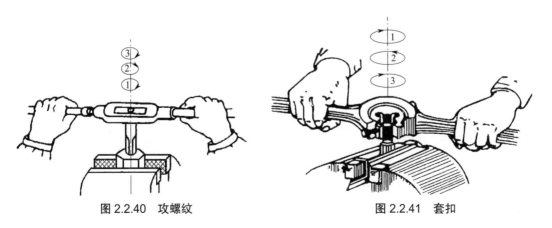

图 2.2.40　攻螺纹　　　　　　　　　图 2.2.41　套扣

第三章　钳工考核件综合练习实例

第一节　榔头头工艺设计与加工

学习了钳工各种操作后,下面我们来试着加工图 2.3.1 所示的考核件,材料为 45 钢。技术要求:圆弧平面间交线清晰,各圆弧连接光滑,各表面粗糙度 Ra 为 3.2 μm。

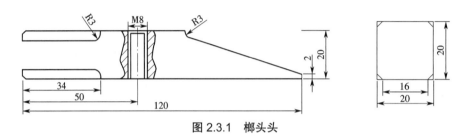

图 2.3.1　榔头头

工序内容及所用工具设备见表 2.3.1。

表 2.3.1

序号	名称	内容	设备	简图
1	下料	锯削 20 mm×20 mm 的方料长度为 123 mm	钢直尺和手锯	
2	去毛刺	两端去毛刺,平面锉平,周围面去除氧化层	锉刀	
3	划线	在划线平板上,用 V 形铁支承,利用高度游标卡尺和划针等工具在小榔头上划出所需的线	钢直尺、高度游标尺等划线工具	
4	打样冲眼	在已划好的线条上,每隔 10 mm 冲出样冲眼	样冲、手锤	
5	锯削	锯削超出尺寸范围的部分,锯削时应保证两断面与其余四面垂直	钳工工作台、手锯	
6	锉平面	锉削六面体:以上端面为基准,将方料锉削至 20 mm×20 mm,接着继续以上断面为基准,锉至 120 mm	锉刀、钢直尺、直角尺、游标卡尺	

序号	名称	内容	设备	简图
7	斜面加工	锉削 R3 mm，留余量，接着锯削斜面，最后精锉斜面，直到圆角和斜面表面成圆滑过渡为止	手锯、锉刀	
8	锉倒角，锉圆弧	用平锉刀推锉加工倒角，用圆锉锉 R3 mm 圆弧面	平锉刀、圆锉刀	
9	钻孔	用台钻钻削中 φ6.7 的通孔，并加工 1×45° 锥坑	台钻、钻头、圆锉、平锉	
10	攻螺纹	攻 M8 内螺纹	丝锥、铰杠	
11	抛光	用粗、细砂纸抛光各面，消除锉痕	粗、细砂纸	
12	检验			

第二节　六角螺母加工

图 2.3.2 考核件材料为 40 钢，毛坯为直径 37 mm，精度 8 级的圆柱，厚度合乎要求，主要加工六个平面、倒圆角及中间螺纹。

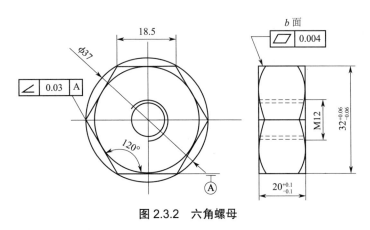

图 2.3.2　六角螺母

工艺过程见表 2.3.2。

表 2.3.2　工艺过程

序号	名称	内容	设备	简图
1	去毛刺	两端去毛刺,平面锉平,周围面去除氧化层	锉刀	
2	划线	在划线平板上,用 V 形铁支承,利用高度游标卡尺和划针等工具在小榔头上划出所需的线	钢直尺、高度游标尺等划线工具	
3	锉削	边长样板测量:先加工六角体一组对边,然后同时加工两相邻角度面,用边长样板控制六角体边长相等,最后加工两角度面的平行面	锉刀	
4	测量平面度	测量时应置于平面的不同位置。对着光源观察,当不能透光或是透过的光线均匀一致时,平面质量较好	刀口尺或刀口角尺	
5	锉圆弧	(1)划线。根据计算出的坐标值,利用高度游标卡尺划出圆心,用划规划出圆弧; (2)锉外圆弧; (3)锉内圆弧	锉刀	见零件图
6	钻孔	(1)划线。先用高度游标卡尺划出圆心位置,再用划规划出所加工圆,打样冲眼; (2)选择合适的麻花钻。选用麻花钻直径为 10.5 mm; (3)钻孔	台钻等	
7	攻螺纹		丝锥、绞杠	
8	倒角,抛光		砂纸、台钻、直径 12 mm 钻头	
9	检验		游标卡尺、刀口尺	

第三篇　机加工

第一章 机械切削加工基础

实训目的及要求：

（1）了解机械切削加工的基础知识；

（2）了解零件加工精度、加工质量的概念；

（3）了解常用刀具材料及其应用；

（4）掌握常用量具的使用；

（5）了解切削过程中的基础知识；

（6）了解加工工艺过程的基础知识；

（7）了解机床传动机构。

切削加工是利用刀具将坯料或工件上多余的材料切除，以获得所要求的几何形状、尺寸精度和表面质量的加工方法。切削加工分为如下两类。

（1）钳工。钳工一般是指由工人手持工具进行的切削加工。

（2）机械加工。机械加工是指由工人操纵机床进行的切削加工。

一般所讲的切削加工主要指机械加工，它具有精度高、生产率高和工人劳动强度低等优点。

与铸造、锻压相比，切削加工后的工件具有更高的精度和较小的表面粗糙度，且通常不受零件的尺寸、质量和材料性能等限制。除了一些精密铸造、注塑成型、精密锻造和粉末冶金等成型零件的方法外，绝大多数零件都需要从毛坯经切削加工成型获得。因此，切削加工在工业、农业、国防、科技等各部门中占有十分重要的地位。

第一节 切削运动与切削用量

一、切削运动

切削加工是靠切削刀具和工件间的相对运动来实现的。机床为实现加工所必需的刀具与工件间的相对运动，称为切削运动。切削运动包括主运动（图 3.1.1 中 I 所示）和进给运动（图 3.1.1 中 II 所示）。

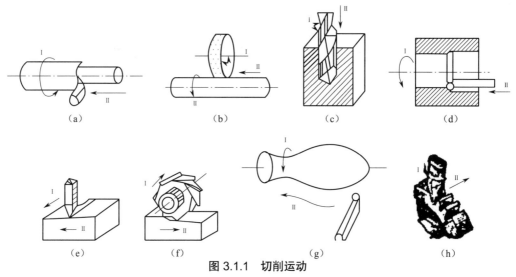

图 3.1.1　切削运动

(a)车床车外圆　(b)磨床磨外圆　(c)钻床钻孔　(d)车床车刀镗内孔　(e)牛头刨床刨平面
(f)铣床圆铣刀逆铣平面　(g)车床车成型面　(h)立铣床铣齿轮槽

（一）主运动

主运动是切下切屑所需的最基本的运动。在切削运动中,主运动的速度最快、消耗功率最多。如车削时工件的旋转运动、牛头刨床刨削时刨刀的直线运动等。

在切削加工中主运动必须有,但只能有一个。

（二）进给运动

进给运动是多余的材料不断被投入切削,从而加工出完整表面所需的运动。进给运动可以有一个或几个。如车削时车刀的纵向或横向运动,磨削外圆时工件的旋转和工作台带动工件的纵向移动。

切削运动有旋转运动或直线运动,也有曲线运动;有连续的,也有间断的。切削运动可以由切削刀具和工件分别动作完成,也可以由切削刀具和工件同时动作完成或交替动作完成。各种机械加工方法的切削运动如图 3.1.1 所示。

二、切削用量三要素

切削加工时,在工件上出现三个不断变化的表面,每种加工三种表面的形状大小都不同,不失一般性,下面用三种比较简单的切削加工来说明,如图 3.1.2 所示。

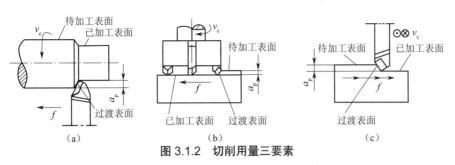

图 3.1.2　切削用量三要素

(a)车削外圆用量三要素　(b)端铣用量三要素　(c)刨削用量三要素

（1）待加工表面。它是指工件上有待切除的表面,在切削过程中它的面积不断减小,直至全部被切去。

（2）已加工表面。它是指工件上经刀具切削后产生的表面,在切削过程中它的面积逐渐扩大。

（3）过渡表面。它是指工件上由切削刃形成的那部分表面,它在下一切削行程及刀具或工件下一转里被切除,或者由下一切削刃切除。

切削用量三要素指的是切削速度、进给量和背吃刀量(又称切削深度)。

（1）切削速度。它是指切削刃选定点相对于工件沿主运动方向单位时间内移动的距离,即主运动的线速度,单位为 m/s。

当主运动为工件的旋转运动时,切削速度为其最大线速度：

$$v_c = \frac{\pi D n}{1\,000 \times 60}$$

式中　D——工件待加工表面的直径,mm；

　　　n 为工件的转速,r/min。

当主运动为往复运动时取其平均速度

$$v_c = \frac{2Ln}{1\,000 \times 60}$$

式中　L——往复运动的行程长度,mm；

　　　n——主运动每分钟的往复次数,str/min。

（2）进给量 f。它是指刀具在进给运动方向上相对工件的位移量。不同加工方法,由于所用刀具和切削运动形式不同,可用刀具或工件每转或每行程的位移量来表述和度量。单位为 mm/r（每转进给量,如车削时）、mm/str（每往复运动一次进给量,如刨削时）或 mm/z（每齿进给量,如铣削时）。

（3）背吃刀量 a_p。它是指在通过切削刃选定点并垂直于进给运动方向上测量的主切削刃切入工件的深度尺寸。车外圆时,可用工件上待加工表面和已加工表面之间的垂直距离来计算,单位为 mm。

切削用量三要素是影响切削加工质量、刀具磨损、机床动力消耗及生产率的重要参数。

第二节　零件的加工质量

零件加工质量的主要指标是加工精度和表面粗糙度。

一、加工精度

零件的尺寸要加工得绝对准确是不可能的，也是不必要的，所以在保证零件使用要求的情况下，总是要给予一定的加工误差范围，这个规定的误差范围叫做公差。同一基本尺寸的零件，公差值的大小决定了零件尺寸的精确程度。加工精度是指零件在加工之后，其尺寸、形状、位置等参数的实际数值与它的理论数值相符合的程度。相符合的程度越高，即偏差越小，加工精度越高。加工精度包括尺寸精度、形状精度和位置精度。

（1）尺寸精度。它是指零件实际尺寸相对于理想尺寸的精确程度。尺寸精度的高低，用尺寸公差等级或相应的公差值来表示。尺寸公差是指切削加工中零件尺寸允许的变动量。基本尺寸相同的情况下，尺寸公差数值越小，则零件尺寸精度越高。国家标准《产品几何技术规范（GPS）线性尺寸公差 ISO 代号体系　第一部分：公差、偏差和配合的基础》（GB/T 1800.1—2020）、《产品几何技术规范（GPS）线性尺寸公差 ISO 代号体系　第 2 部分：标准公差带代号和孔、轴的极限偏差表》（GB/T 1800.2—2020）、《一般公差　未注公差的线性和角度尺寸的公差》（GB/T 1804—2000）规定尺寸公差分为 20 级，IT01~IT18 精度等级依次降低，公差数值越来越大。IT01 ~ IT12 用于配合尺寸，IT13 ~ IT18 用于非配合尺寸。

（2）形状精度。它是指零件实际表面和理想表面之间在形状上允许的误差。如图 3.1.3 所示，理想表面为圆柱的零件外表面，实际加工后的形状可能有椭圆形或横截面非圆形等各种形状误差。显然，不同形状精度的零件，在精密机器上的使用效果是不同的。国家标准《产品几何技术规范（GPS）　几何公差　形状、方向、位置和跳动公差标注》（GB/T 1182—2018）、《形状和位置公差　未注公差值》（GB/T 1184—1996）规定的形状公差包括直线度、平面度、圆度、圆柱度、线轮廓度和面轮廓度 6 项，见表 3.1.1。

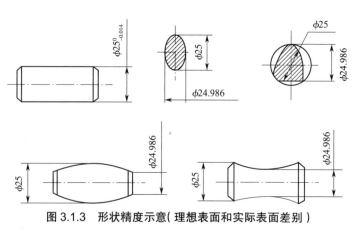

图 3.1.3　形状精度示意（理想表面和实际表面差别）

表 3.1.1 形位公差符号

公差		特征	符号	有或无基准要求	公差		特征	符号	有或无基准要求
形状	形状	直线度	—	无	位置	定向	平行度	//	有
		平面度	▱	无			垂直度	⊥	有
		圆度	○	无			倾斜度	∠	有
		圆柱度	⌭	无		定位	位置度	⊕	有或无
形状或位置	廓轮	线轮廓度	⌒	有或无			同轴（同心）度	◎	有
							对称度	═	有
		面轮廓度	⌓	有或无		跳动	圆跳动	↗	有
							个跳动	↗↗	有

（3）位置精度。它是指零件表面、轴线或对称平面之间的实际位置与理想位置允许的误差。例如：箱体端面和轴孔之间因为加工误差，可能微观上有些不垂直，当这种程度较大时，就会影响机械的使用功能以及使用寿命，国家标准《产品几何技术规范（GPS） 几何公差 形状、方向、位置和跳动公差标注》（GB/T 1182—2018）、《形状和位置公差 未注公差值》规定了 8 项位置公差，包括平行度、垂直度、倾斜度、同轴度、对称度、位置度、圆跳动和全跳动，参见表 3.3.1。

形状公差和位置公差简称为形位公差。公差值越小，精度越高。

二、表面粗糙度

在切削过程中，由于振动、刀痕及刀具与工件之间的摩擦，在工件的已加工表面上总是存在着一些微小的峰谷。即使看起来很光滑的表面，经过放大以后，也会发现它们是高低不平的。我们把零件表面这些微小峰谷的高低程度称为表面粗糙度。

表面粗糙度的评定参数最常用的是轮廓算术平均偏差 Ra，单位为 μm。

常用加工方法所能达到的表面粗糙度 Ra 值列于表 3.1.2 中。

表 3.1.2 各种加工方法所能达到的尺寸精度及表面粗糙度

表面要求	加工方法	尺寸精度	表面粗糙度 $Ra/(μm)$	表面特征	应用举例
不加工		IT16~IT14		消除毛刺	锻、铸件

表面要求	加工方法	尺寸精度	表面粗糙度 $Ra/\mu m$	表面特征	应用举例
粗加工	粗车、粗铣、钻、粗镗、粗刨	1T13~IT10	80~40	显见刀纹	底板、垫块
		IT10	40~20	可见刀纹	螺钉不结合面
		IT10~IT8	20~10	微见刀纹	螺母不结合面
半精加工	半精车、精车、精铣、精刨、粗磨	IT10~IT8	10~5	可见刀痕	轴套不结合面
		IT8~IT7	5~2.5	微见刀痕	
		IT8~IT7	2.5~1.25	不见刀痕	一般轴套结合面
精加工	高速精铣、精车、宽刀精刨、磨、铰、刮削	IT8~IT7	1.25~0.32	可辨加工痕迹	要求较高结合面
		IT8~IT6	0.63~0.32	微辨加工痕迹	凸轮轴颈内孔
		IT7~IT6	0.32~0.16	不辨痕迹	高速轴轴颈
精整及光整加工	精细磨、研磨、珩磨等	IT7~IT5	0.16~0.03	暗光泽面	阀配合面
		IT6~IT5	0.08~0.04	亮光泽面	滚珠轴承
		IT6~IT5	0.04~0.02	镜状光泽面	量规
			0.02~0.01	雾状光泽面	量规
			〈0.01	镜面	量规

第三节　刀具材料

在金属切削过程中，刀具直接参与切削，工作条件极为恶劣。为使刀具具有良好的切削能力，必须选用合适的材料、合理的角度及适当的结构。刀具材料是刀具切削能力的重要基础，它对加工质量、生产率和加工成本影响极大。

刀具是由刀头和刀体组成的。刀头用来切削，故称切削部分。刀具切削性能的优劣主要取决于刀头的材料和几何形状。

一、刀具材料必须具备的性能

在切削过程中，刀具要承受很大的切削力（压力、摩擦力）和高温下的切削热，并且与切屑和工件都发生剧烈的摩擦，同时还要承受冲击和振动，因此刀具切削部分的材料应具备以下性能。

（1）高的硬度。硬度越高，刀具越耐磨。经常使用的刀具硬度都在 HRC60 以上。

（2）高的热硬性。它是指刀具材料在高温下仍能保持切削所需硬度的性能。热硬性越高，刀具允许的切削速度越高。

（3）高的耐磨性。

（4）足够的强度和韧性。

（5）良好的工艺性和经济性。为便于制造出各种形状的刀具，刀具材料还应具备良好的工艺性，如热塑性（锻压成型）、切削加工性、磨削加工性、焊接性及热处理工艺性等，并且要追求高的性能价格比。

二、刀具材料简介

当前最常使用的刀具材料有：碳素工具钢、合金工具钢、高速钢（以上三种材料工艺性能良好）、硬质合金等。常用刀具材料的主要性能和应用范围见表3.1.3。

表3.1.3 常用刀具性能与用途

种类	材料牌号	硬度（HRC）	耐热性/℃	工艺性能	用途
碳素工具钢	T8A、T10A、T12A	58~62	200	可冷热加工成型，刃磨性能好	用于手动工具，如锉刀、锯条等
合金工具钢	9SiCr、CrWMn	60~65	250~300	可冷热加工成型，刃磨性能好，热处理变形小	用于低速成型刀具，如丝锥、板牙、铰刀等
高速钢	W18Cr4V	63~70	550~600	可冷热加工成型，刃磨性能好，热处理变形小	用于中速及形状复杂的刀具，如钻头、铣刀、齿轮刀具等
硬质合金	YG8、YT15	89~93	800~1 000	可粉末冶金成型，性较脆	用于高速切削刀具，如车刀、刨刀、铣刀等

第四节 量具

加工出的零件是否符合图纸要求（包括尺寸精度、形状精度、位置精度和表面粗糙度），需要用测量工具进行测量。这些测量工具简称量具。由于零件有各种不同形状，它们的精度也不一样，因此就要用不同的量具去测量。量具的种类很多，本节仅介绍几种常用量具。

一、钢板尺

钢板尺是最简单的长度量具，可直接用来测量工件的尺寸。它的长度有 150 mm、300 mm、500 mm、1 000 mm 等几种。

二、百分表

百分表是一种长度测量工具，广泛用于测量工件几何形状误差及位置误差。百分表具有防震机构，使用寿命长，精度可靠。

百分表只能测出相对读数，是一种指示式量具，不仅可以用于检测工件的形状和表面相互位置的误差，还可以在机床上用于工件的安装找正。百分表的测量精度为 0.01 mm，是精度较高的量具之一,其外形如图 3.1.4(a)所示。

百分表的读数原理如图 3.1.4 右图所示:当测量杆向上或向下移动 1 mm 时,通过齿轮传动系统带动大指针转一圈,同时小指针转一格。大指针每转一格,表示测量杆移动 0.01 mm;小指针每转一格,表示测量杆移动 1 mm;长短指针变化值之和,即为总尺寸的变动量。刻度盘可以转动,供测量时大指针对零用。百分表的测量准确度为 0.01 mm。

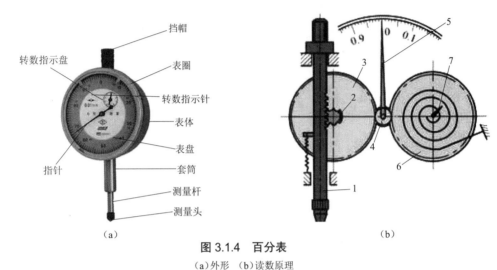

图 3.1.4 百分表

(a)外形 (b)读数原理

1— 测量杆;2—小齿轮;3—大齿轮;4—指针齿轮;5—大指针;6—量程齿轮;7—小指针(量程指针)

百分表使用时常装在磁性表座上或普通表座上,如图 3.1.5 所示。测量时要注意百分表测量杆应与被测表面垂直。测量的应用举例如图 3.1.6 所示。

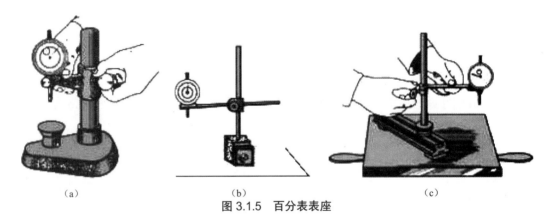

图 3.1.5 百分表表座

(a)万能表座 (b)磁性表座(表座有磁性开关) (c)普通表座

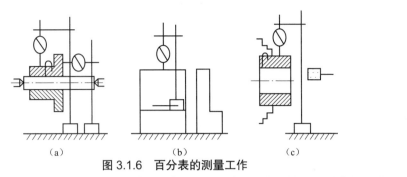

图 3.1.6 百分表的测量工作

(a)检查外圆对孔的圆跳动、端面对孔的圆跳动 (b)检查工件两平面的平行度 (c)内圆磨床上四爪卡盘安装工件时找正外圆

注意：

（1）读数时眼睛要垂直于表针，防止偏视造成读数误差；

（2）小指针指示整数部分，大指针指示小数部分，两者相加即为测量结果。

三、量规

量规是被检验工件为光滑孔或光滑轴所用的极限量规的总称。在要求互换性的大批量生产时，不要求测量零件准确尺寸，只要求检验零件是否合格。为了提高产品质量和检验效率常常采用量规进行检验，量规结构简单、使用方便、省时可靠，并能保证互换性。因此，量规在机械制造中得到了广泛的应用。

检验孔用的量规称为塞规，一般量规通常成对使用，包括一个通规（也叫过规）和一个止规（也叫不过规）。通规按被检验孔的最小极限尺寸制造，塞规的止规按被检验孔的最大极限尺寸制造。通规通过被检验孔，而止规不能通过时，说明被检验孔的尺寸误差和形状误差都控制在极限尺寸范围内，被检验孔是合格的，如图3.1.7（a）所示。检验轴用的量规称为卡规也叫环规），卡规的止规按被检验轴的最小极限尺寸制造。通规按被检验轴最大极限尺寸制造。通规能包围被检验轴，而止规不能包围被检验轴时，说明被检验轴的尺寸误差和形状误差都控制在极限尺寸范围内，被检验轴是合格的，如图3.1.7（b）所示。

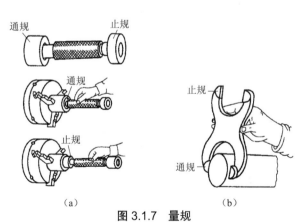

图 3.1.7 量规

（a）检验孔的塞规（通规及规各 1 个）

（b）检验轴的卡规（通规及止规各 1 个）

四、内径百分表

内径百分表是用于测量孔径及其形状精度的一种精密的比较量具。内径百分表的结构

如图 3.1.8 所示。它附有成套的可换插头，其读数准确度为 0.01 mm，测量范围有 6~10 mm、10~18 mm、18~35 mm、35~50 mm 等多种。

内径百分表是测量尺寸公差等级 IT7 以上精度孔的常用量具，其使用方法如图 3.1.9 所示。测量步骤如下。

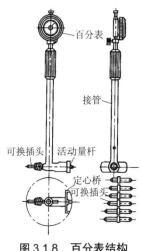

图 3.1.8　百分表结构

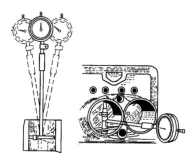

图 3.1.9　百分表测内孔

（1）选择校对环规或外径千分尺，用棉丝或软布把环规、固定测头擦净。

（2）用手压几下活动测头，百分表指针移动应平稳、灵活、无卡滞现象；然后对零，一手压活动测头，一手握住手柄。

（3）将测头放入环规内，使固定测头不动，在轴向平面左右摆动内径表架，找出最小读数即"拐点"。

（4）转动百分表刻度盘，使零线与指针的"拐点"处相重合，对好零位后，把内径百分表取出。

（5）对好零位后的百分表，不要松动夹紧手柄，以防零位发生变化。

（6）测量时一手握住上端手柄，另一手握住下端活动测头，倾斜一个角度，把测头放入被测孔内，然后握住上端手柄，左右摆动表架，找出表的最小读数值，即为"拐点"值；该点的读数值就是被测孔径与环规孔径之差。

（7）为了测出孔的圆度，可在同一径向截面内的不同位置上测量几次；为了测出孔的圆柱度，可在几个径向平面内测量几次。

（8）测量数值等于千分尺调整的基准数据加上读数。

注意：

（1）远离液体，不使冷却液、切削液、水或油与内径表接触；

（2）在不使用时，要摘下百分表，使表解除其所有负荷，让测量杆处于自由状态；

（3）成套保存于盒内，避免丢失与混用。

五、刀形样板平尺

刀形样板平尺简称刀口尺,是用光隙法检验直线度或平面度的量尺,如图 3.1.10 所示。若被测面不平,则刀口尺与被侧面之间有间隙,间隙大的可用厚薄尺(图 3.1.11)测量其大小。

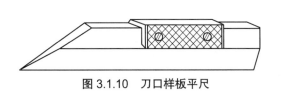

图 3.1.10　刀口样板平尺

图 3.1.11　厚薄尺

六、厚薄尺

厚薄尺又称塞尺,是测量间隙的薄片量尺,如图 3.1.11 所示。它由一组薄片组成,其厚度为 0.03 ~ 0.3 mm,厚度值刻在靠近根部的地方。测量时用厚薄尺直接塞入间隙处,当一片或数片尺片塞进被测间隙,则一片或数片的尺片厚度(可由每片上的标记读出)即为两贴合面之间的间隙值。

注意:

(1)一定要擦净尺面和工件后测量;

(2)选用的厚薄尺片数越少误差越小;

(3)插入时用力不能太大,以免尺片皱曲或折断。

第五节　机床基本构造与传动机构

现代化工业生产绝大部分工作都是靠机床来生产的。金属切削机床是对金属工件进行切削加工的机器。由于它是用来制造机器的,也是唯一能制造机床自身的机器,故又称为"工作母机",习惯上简称机床。

机床是机械制造业的基本加工装备,它的品种、性能、质量和技术水平直接影响着其他机电产品的性能、质量、生产技术和企业的经济效益。机械工业为国民经济各部门提供技术装备的能力和水平,在很大程度上取决于机床的水平,所以机床属于基础机械装备。

实际生产中需要加工的工件种类繁多,其形状、结构、尺寸、精度、表面质量和数量等各不相同。为了满足不同加工的需要,机床的品种和规格也应多种多样。尽管机床的品种很多,各有特点,但它们在结构、传动及自动化等方面有许多类似之处,也有着共同的原理及规律。

一、切削机床的类型

机床种类繁多,为了便于设计、制造、使用和管理,需要进行适当的分类。

按加工方式、加工对象或主要用途分为 12 个大类,即车床、钻床、镗床、磨床、齿轮加工机床、螺纹加工机床、铣床、刨插床、拉床、特种加工机床、锯床和其他机床等。在每一类机床中,又按工艺范围、布局形式和结构分为若干组,每一组又细分为若干系列。国家制定的机床型号编制方法就是依据此分类方法进行编制的。

按加工工件大小和机床质量,可分为仪表机床、中小机床、大型机床(10~30 t)、重型机床(30~100 t)和超重型机床(100 t 以上)。

按机床通用程度,可分为通用机床、专门化机床和专用机床。

按加工精度(指相对精度),可分为普通精度级机床、精密级机床和高精度级机床。

随着机床的发展,其分类方法也在不断发展。因为现代机床正向数控化方向转变,所以常被分为数控机床和非数控机床(传统机床)。数控机床的功能日趋多样化,工序更加集中。例如数控车床在卧式车床的基础上,集中了转塔车床、仿形车床、自动车床等多种车床的功能;车削加工中心在数控车床功能的基础上,又加入了钻、铣、镗等类机床的功能。

还有其他一些分类方法,不再一一列举。

为了简明地表示出机床的名称、主要规格和特性,以便对机床有一个清晰的概念,需要对每种机床赋予一定的型号。关于我国机床型号现行的编制方法,可参阅国家标准《金属切削机床 型号编制方法》(GB/T 1375—2008)。需要说明的是,对于已经定型,并按过去机床型号编制方法确定型号的机床,其型号不改变,故有些机床仍用原型号。

在各类机床中,车床、钻床、刨床、铣床和磨床是五种最基本的机床。尽管这些机床的外形、布局和构造各不相同,但归纳起来,它们都是由以下几个主要部分组成的。

(1)主传动部件。用来实现机床的主运动,例如车床、钻床、铣床的主轴箱,刨床的变速箱等。

(2)进给传动部件。它主要来实现机床的进给运动,也用来实现机床的调整,退刀及快速运动,如车床的进给箱、刨床的进给机构等。

(3)工件的安装装置。它包括车床的三爪卡盘、尾架以及其他机床的工作台等。

(4)刀具的安装装置。它用来安装刀具,如刀架、立式铣床的刀轴等。

(5)支撑件。它主要指床身、底座等。

(6)动力源。它主要指电动机,用来提供加工动力。

其他类型机床基本构造类似,都可以看成是这些典型机床的变形与发展。

二、常用传动机构

机床的传动有机械、液压、气动、电气等多种形式,其中最常见的是机械传动和液压传动。机床上的回转运动多为机械传动;而直线运动,则机械传动和液压传动都有应用。机床通过传动系统将运动源(如电动机或其他动力机械)与执行件(工件和刀具)联系在一起,使工件与刀具产生工作运动（旋转运动或直线运动），从而进行切削加工。常用的机械传动方式有以下几种。

（一）带传动

带传动是利用传动带与带轮间的摩擦力传递轴间的转矩，机床多用 V 形带传动。图 3.1.12 是皮带传动及传动简图。

传动比，i 的其计算公式为

$$i = \varepsilon n_2 / n_1 = \varepsilon d_1 / d_2$$

式中　ε—— 滑动系数，约为 0.98；

　　　n_1、n_2 分别为主动带轮和从动带轮的转速；

　　　d_1、d_2 分别为主动带轮和从动带轮的直径。

带传动的优点是传动的两轴间中心距变化范围较大，传动平稳，结构简单，制造和维修方便。当机床超负荷时传动带能自动打滑，起到安全保护作用。但也因传动带打滑会使传递运动不准确，摩擦损失大，而传动效率低。带传动常用于电动机到主轴箱的运动传递。实训时同学们注意观察车床、铣床、台钻等电动机到下一级传动件的传动方式。

（二）齿轮传动

齿轮传动是利用两齿轮轮齿间的啮合关系传递运动和动力。它是目前机床中应用最多的传动方式，传动形式和传动简图如图 3.1.13 所示。

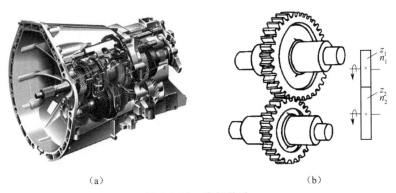

（a）　　　　　　　　　　　　　　（b）

图 3.1.13　齿轮传动

（a）减速机三维设计装配剖面图　（b）传动简图

传动比 i 的其计算公式为

$$i = n_2 / n_1 = z_1 / z_2$$

式中　n_1、n_2 分别为主动齿轮和从动齿轮的转速；

　　　z_1、z_2 分别为主动齿轮和从动齿轮的齿数。

齿轮传动的优点是结构紧凑，传动比准确，传递转矩大，寿命长；缺点是齿轮制造复杂，加工成本高。当齿轮精度较低时，传动不够平稳，有噪声。

（三）蜗杆蜗轮传动

蜗杆蜗轮传动是齿轮传动的特殊形式,即齿轮传动中,其中一个齿轮轮齿的螺旋角接近90°时变成螺纹形状的蜗杆,形成蜗杆蜗轮转动。图 3.1.14 是蜗杆蜗轮传动及传动简图。

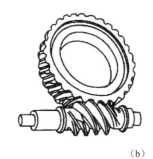

（a）

（b）

图 3.1.14 涡轮蜗杆传动

（a）减速机内涡轮蜗杆传动应用 （b）传动简图

设蜗杆的头数为是 k,蜗轮的齿数为 z_2,蜗杆的转速为 n_1,蜗轮的转速为 n_2,则传动比

$$i = n_2 / n_1 = k / z_2$$

蜗杆蜗轮传动的优点是可获得较大的降速比,结构紧凑,传动平稳,噪声小,一般只能将蜗杆的转动传递给蜗轮,反向不能传递运动;缺点是传动效率低。

（四）齿轮齿条传动

齿轮齿条传动也是齿轮传动的特殊形式,即齿轮传动中,其中一个齿轮基圆无穷大时变成齿条,形成齿轮齿条传动。图 3.1.15 是齿轮齿条传动及传动简图。

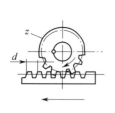
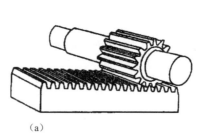

（a）

（b）

图 3.1.15 齿轮齿条传动

（a）传动简图 （b）实际应用

当齿轮为主动时,可将旋转运动变成直线运动;当齿条为主动时,可将直线运动变成旋转运动。如果齿轮和齿条的模数为 m,则它们的齿距 $p = \pi m$。与齿轮传动一样,齿轮转过

一个齿时,齿条移动一个齿距。若齿轮的齿数为 z,当齿轮旋转 n 转时,齿条移动的直线距离

$$l = pzn = \pi mzn$$

齿轮齿条传动的优点是可将一个旋转运动变为一个直线运动,或将一个直线运动变为一个旋转运动,传动效率高;缺点是当齿轮、齿条制造精度不高时,传动平稳性较差。

(五)丝杠螺母传动

丝杠螺母传动是利用丝杠和螺母的连接关系传递运动和动力。丝杠螺母传动及传动简图如图 3.1.16 所示。

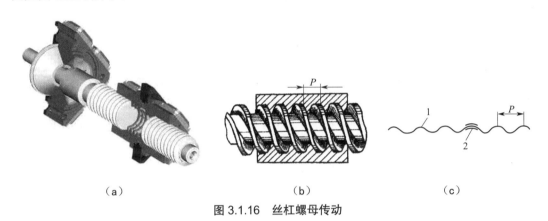

（a）　　　　　　　　　　（b）　　　　　　　　　　（c）

图 3.1.16　丝杠螺母传动

如果丝杠和螺母的导程为 P,当单线丝杠旋转 n 转时,与之配合的螺母轴向移动的距离

$$l = nP$$

丝杠螺母传动的优点是传动平稳,传动精度高,可将一个旋转运动变成一个直线运动;缺点是传动效率较低。

(六)常用变速机构

变换机床转速的主要装置是机床的齿轮箱。齿轮箱中的变速机构是由一些基本的机构组成的。基本变速机构是多种多样的,其中最常用的有滑移齿轮变速、离合器变速机构两种,如图 3.1.17 和图 3.1.18 所示。

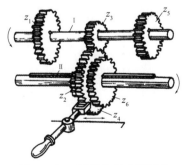

图 3.1.17　滑移齿轮变速机构

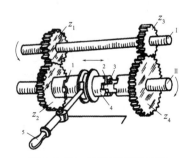

图 3.1.18　离合器变速机构

第二章　车削加工

实训目的和要求：

（1）了解卧式车床的名称、主要组成部分及作用；

（2）了解车刀组成、主要角度的作用及其安装；

（3）了解工件的安装方式及其所用附件；

（4）掌握外圆、端面、内孔、台阶、螺纹、切槽和切断的加工操作方法；

（5）能按实训件图纸的技术要求正确、合理地选择工、夹、量具及制定简单的车削加工工序。

车削加工是在车床上利用工件的旋转和刀具的移动来改变毛坯形状和尺寸将其加工成所需零件的一种切削加工方法。其中主运动是工件的旋转运动，进给运动是刀具的移动。

车削是零件回转表面的一种半精加工方法，加工精度一般是 IT9～IT7。如果对零件精度要求高，可通过后续磨削得到更高精度。车削加工范围很广泛，但都是回转表面，可参见图 3.2.1。常见能加工的典型零件如图 3.2.2 所示。

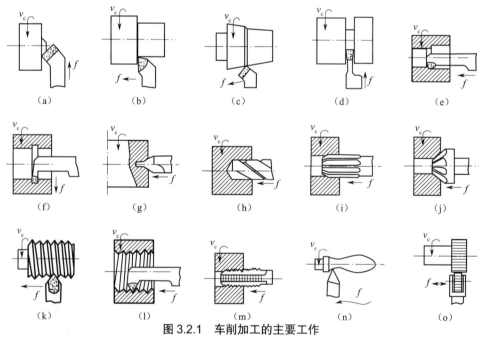

图 3.2.1　车削加工的主要工作

（a）车端面　（b）车外圆　（c）车外锥面　（d）切槽、切断　（e）车内孔　（f）切内槽　（g）钻中心孔　（h）钻孔　（i）铰孔
（j）锪锥孔　（k）车外螺纹　（l）车内螺纹　（m）攻螺纹　（n）车成型面　（o）滚花

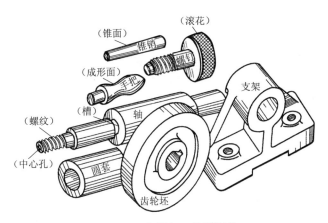

图 3.2.2 车削加工典型零件

第一节 车床

一、车床型号

车削加工是在车床上完成的。在机械工厂中,车床是各种工作机床中应用最广泛的设备,约占金属切削机床总数的 50%。车床的种类和规格很多,其中以卧式车床应用最广泛。

车床型号是按照《金属切削机床 型号编制方法》(GB/T 15375—2008)规定的由汉语拼音和阿拉伯数字组成。如 CM6132 型卧式车床,其中"C"为机床类别代号(车床类);"M"为机床通用特性代号(精密型);"6"为机床组别代号(落地及卧式车床系);"1"为机床型别代号(卧式车床型);"32"为机床主参数(最大车削直径 320 mm×1/10)。

二、卧式车床的组成

车床主要工作是加工旋转表面,因此必须具有带动工件旋转运动的部件,此部件称为主轴及尾架;其次还必须具有使刀具做纵、横向直线移动的部件,此部件称为刀架、溜板和进给箱。上述两部件都由床身支承,如图 3.2.3 所示。

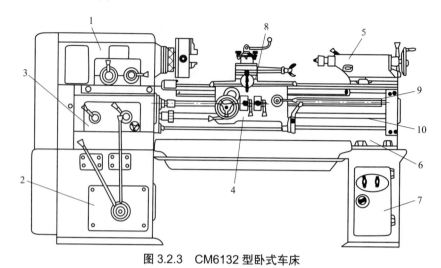

图 3.2.3　CM6132 型卧式车床

1—主轴箱；2—变速箱；3—进给箱；4—溜板箱；5—尾架；6—床身；7—床腿；8—刀架；9—丝杠；10—光杠

由图 3.2.3 可知车床的组成部分如下。

（1）床身。它是车床的基础零件，用以连接各主要部件，并保证各部件之间有正确的相对位置。

（2）主轴箱。其中装有主轴和主轴变速机构。主轴为空心结构，前部外锥面用于安装夹持工件的附件（如卡盘等），前部内锥面用来安装顶尖，细长的通孔可穿入长棒料。

（3）进给箱。其中装有进给运动变速机构。通过调整进给箱外部手柄的位置，可把主轴的旋转运动传给光杠或丝杠，以得到不同的进给量或螺距。

（4）光杠和丝杠。通过光杠和丝杠将进给箱的运动传给溜板箱。光杠用于自动走刀车削螺纹以外的表面，如外圆等；丝杠只用于车削螺纹。

（5）溜板箱。它与刀架连接，是车床进给运动的操纵箱，可以将光杠传过来的旋转运动变为车刀需要的纵向或横向的直线运动，也可以操纵对开螺母，使丝杠带动车刀沿纵向进给以车削螺纹。

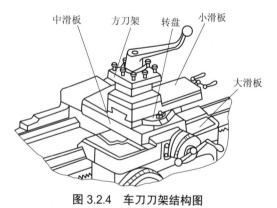

图 3.2.4　车刀刀架结构图

（6）刀架。它用来夹持工件使其做纵向、横向或斜向的进给运动。刀架由大滑板（又称大刀架）、中滑板（又称中刀架、横刀架）、转盘、小滑板（又称小刀架）和方刀架组成。其中，大滑板与溜板箱连接，带动车刀沿床身导轨做纵向移动；中滑板安装在大拖板上，带动车刀沿大拖板上面的导轨作横向移动；转盘用螺栓与中滑板紧固在一起，松开螺母，可使其在水平面内扭转任意角度（图 3.2.4）。

（7）尾座。它安装在车床导轨上，可沿导轨移至床身导轨面的任何位置。在尾座的套筒内安装有顶尖，可用来支撑工件，也可以安装钻头、铰刀，以便在工件上钻孔和铰孔。

（8）床腿。它用来支撑上述各部件，且保证它们之间的相对位置，并与地基连接。

三、卧式车床的传动路线

电动机的高速转动，通过皮带传动、齿轮传动、丝杠螺母传动，或齿轮齿条传动传到机床主轴，带动三爪卡盘、顶尖等夹持工件高速旋转，一直传到刀架，带动刀具做进给运动，参见图 3.2.5。

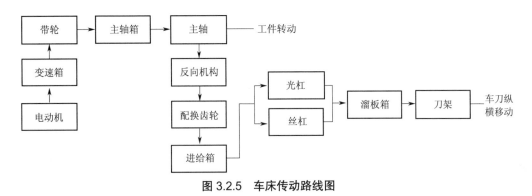

图 3.2.5 车床传动路线图

第二节 车刀及其安装

一、车刀的组成

车刀的组成如图 3.2.6 所示。

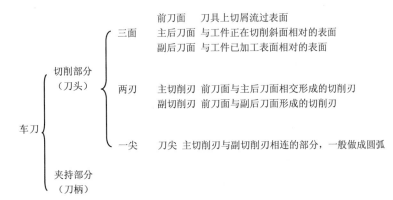

图 3.2.6 车刀的组成

111

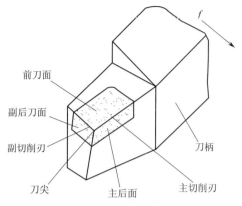

图 3.2.6 车刀的组成(续)

车刀由刀头和刀体(通称刀杆)两部分组成。刀头用于切削,称为切削部分。刀体用于支承刀头,并便于安装在刀架上,称为夹持部分。常用的车刀有焊接车刀、机夹车刀和整体车刀三种形式,如图 3.2.7 所示。

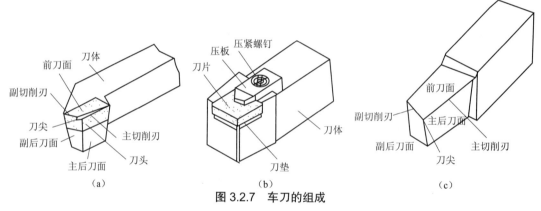

图 3.2.7 车刀的组成

(a)焊接车刀 (b)机夹车刀 (c)整体车刀

车刀切削部分的主要角度有前角 γ_0、后角 α_0、主偏角 k_r、副偏角 k_r' 和刃倾角 λ_s,如图 3.2.8 所示确定车刀的角度先要确定空间坐标系,即确定三个两两互相垂直的平面,如图 3.2.9 所示。

(1)基面。它是通过切削刃上某一点,与该点切削速度方向垂直的平面。

(2)主剖面。它是过主切削刃上某点,与主切削刃在基面上的投影互相垂直的平面。

(3)切削平面。它是过主切削刃上某点与该点加工表面相切的平面(包含切削速度)。

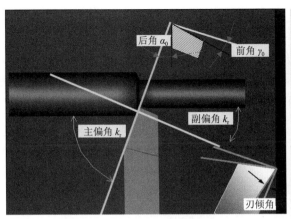

图 3.2.8　车刀车外圆时角度

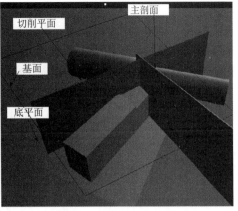

图 3.2.9　车刀空间坐标平面

（1）前角 γ_0　它是在主剖面中测量的水平面与前刀面之间的夹角。其作用是使刀刃锋利，便于切削。但前角过大会削弱刀刃的强度。前角 γ_0 一般为 $5°\sim20°$，加工塑性材料选较大值，加工脆性材料选较小值。

（2）后角 α_0　它是包含主切削刃的铅垂面与主后刀面之间的夹角。其作用是减小车削时主后刀面与工件的摩擦。后角一般为 $3°\sim12°$。粗加工时选较小值，精加工时选较大值。

（3）主偏角 k_r　它是进给方向与主切削刃之间的夹角。主偏角减小，刀尖强度增加，切削条件得到改善。但主偏角减小，工件的径向力增大。故车削细长轴时，为减少径向力，常用 $k_r=65°$ 或 $90°$ 的车刀。车刀常用的主偏角有 $45°$、$60°$、$65°$、$90°$ 几种。

（4）副偏角 k_r'　它是进给运动的反方向与副切削刃之间的夹角。其主要作用是减小副切削刃与已加工表面之间的摩擦，改善加工表面的粗糙度。在同样吃刀深度和进给量的情况下，减小副偏角，可以减少车削后的残留面积，使表面粗糙度降低。一般选取 $k_r'=5°\sim15°$。

（5）刃倾角 λ_s　它是主切削刃与水平面之间的夹角。其作用是控制屑片流动的方向及改变刀尖强度。一般选取 $\lambda_s=5°\sim-5°$。

二、车刀的安装

车刀安装在方刀架上，刀尖一般应与车床中心等高。此外，车刀在方刀架上伸出的长短要合适，垫刀片要放得平整，车刀与方刀架都要锁紧。

第三节　工件的安装及所用附件

车床主要用于加工回转表面。安装工件时，应该使要加工表面回转中心和车床主轴的中心线重合，以保证工件位置准确；同时还要把工件卡紧，以承受切削力，保证工作时安全。在车床上常用的装卡附件有三爪卡盘、四爪卡盘、顶尖、中心架、跟刀架、花盘和弯板等。

一、用三爪卡盘安装工件

三爪卡盘是车床上最常用的附件,三爪卡盘构造如图 3.2.10 所示。当转动小伞齿轮时,可使与它相啮合的大伞齿轮随之转动,大伞齿轮的背面的平面螺纹就使三个卡爪同时缩向中心或张开,以夹紧不同直径的工件。由于三个卡爪同时移动并能自行对中(对中精度约为 0.05 ~ 0.15 mm)。故三爪卡盘适于快速夹持截面为圆形、正三边形、正六边形的工件。三爪卡盘还附带三个"反爪"(图 3.2-10(c)),换到卡盘体上即可用来夹持直径较大的工件。

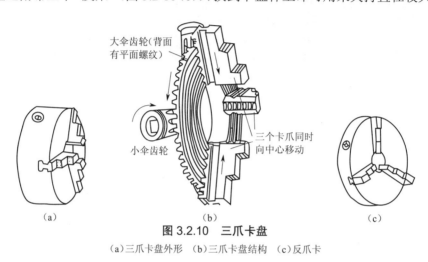

大伞齿轮(背面有平面螺纹)

小伞齿轮

三个卡爪同时向中心移动

(a)   (b)   (c)

图 3.2.10 三爪卡盘

(a)三爪卡盘外形 (b)三爪卡盘结构 (c)反爪卡

二、用四爪卡盘安装工件

四爪卡盘外形与三爪卡盘相近,但用途更为广泛。它不但可以安装截面是圆形的工件,还可以安装截面是方形、长方形、椭圆或其他不规则形状的工件。此外,四爪卡盘较三爪卡盘的卡紧力大,所以也用来安装较重的圆形截面工件。如果把四个卡爪各自调头安装到卡盘体上,起到"反爪"作用,即可安装较大的工件。由于四爪卡盘的四个卡爪是独立移动的,在安装工件时须进行仔细的找正工作。四爪卡盘及其找正如图 3.2.11 所示。

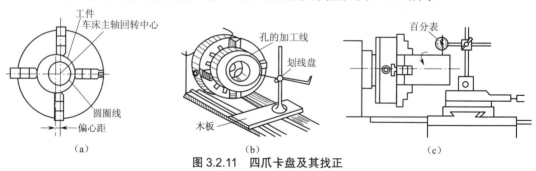

工件

车床主轴回转中心

圆圈线

偏心距

孔的加工线

划线盘

木板

百分表

(a)   (b)   (c)

图 3.2.11 四爪卡盘及其找正

(a)四爪卡盘安装后偏心的回转体 (b)划线找正 (c)用百分表找正

三、用顶尖安装工件

在车床上加工轴类工件时,往往用顶尖来安装工件,如图 3.2.12 所示。把轴架在前后两个顶尖上,前顶尖装在主轴的锥孔内,并与主轴一起旋转,后顶尖装在尾架套筒内,前后顶尖就确定了轴的位置。将卡箍卡紧在轴端上,卡箍的尾部伸入拨盘的槽中,拨盘安装在主轴上(安装方式与三爪卡盘相同)并随主轴一起转动,通过拨盘带动卡箍即可使轴转动。

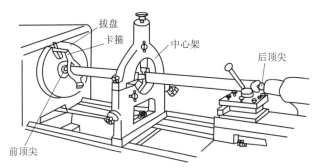

图 3.2.12　顶尖中心架安装的应用

在顶尖上安装轴类工件,由于两端都是锥面定位,其定位的准确度比较高,即使多次装卸与调头,零件的轴线始终是两端锥孔中心的连线,即保持了轴的中心线位置不变。因而,能保证在多次安装中所加工的各个外圆面有较高的同轴度。

四、中心架与跟刀架的使用

加工细长轴时,为了防止轴受切削力的作用而产生弯曲变形,往往需要加用中心架或跟刀架。中心架固定于床面上,支承工件前先在工件上车出一小段光滑表面,然后调整中心架的三个支承爪与其接触,再分段进行车削。图 3.2.12是利用中心架及顶尖安装车外圆,工件的右端加工完毕后调头再加工另一端。中心架多用于加工阶梯轴。

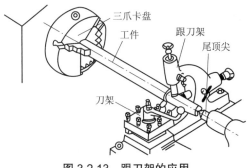

图 3.2.13　跟刀架的应用

跟刀架与中心架不同,它固定于大刀架上,并随刀架一起做纵向移动。使用跟刀架需先在工件上靠后顶尖的一端车出一小段外圆,根据它来调节跟刀架的支承爪,然后再车出工件的全长。跟刀架多用于加工细长的光轴和长丝杠等工件,如图 3.2.13 所示。

应用跟刀架或中心架时,工件被支承部分应是加工过的外圆表面,并要加机油润滑。工件的转速不能很高,以免工件与支承爪之间摩擦过热而烧坏或磨损支承爪。

五、用花盘、弯板及压板、螺栓安装工件

在车床上加工形状不规则的大型工件,为保证加工平面与安装平面的平行,或加工外

圆、孔的轴线与安装平面的垂直,可以把工件直接压在花盘上加工。花盘是安装在车床主轴上的一个大圆盘,盘面上的许多长槽用以穿放螺栓,如图3.2.14(a)所示。花盘的端面必须平整,且跳动量很小。用花盘安装工件时,需经过仔细找正。

有些复杂的零件要求孔的轴线与安装面平行,或要求孔的轴线垂直相交时,可用花盘、弯板安装工件,如图3.2.14(b)所示。弯板要有一定的刚度和强度,用于贴靠花盘和安放工件的两个面应有较高的垂直度。弯板安装在花盘上要仔细进行找正,工件紧固于弯板上也须找正。用花盘或花盘、弯板安装工件,由于重心常偏向一边,需要在另一边上加平衡铁予以平衡,以减小旋转时的振动。

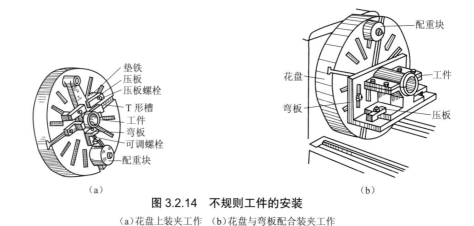

图 3.2.14　不规则工件的安装
(a)花盘上装夹工作　(b)花盘与弯板配合装夹工作

第四节　车床基本操作

车床操作的要点包括车削加工的步骤安排、车刀安装、刻度盘及其手柄的使用方法、粗车与精车和试切的方法等内容。

一、车床操作步骤

车床操作的一般步骤如下。

(1)选择和安装车刀。根据零件的加工表面和材料,将选好的车刀按照前面介绍的方法牢固地装夹在刀架上。

(2)安装工件。根据工件的类型,选择前面介绍的机床附件,采用合理地装夹方法,稳固夹紧工件。

(3)开车对刀。首先启动车床,使刀具与旋转工件的最外点接触,以此作为调整的起点,然后向右退出刀具。

(4)试切加工。对需要试切的工件,进行试切加工。若不需要试切加工,可用横刀架刻度盘直接进给到预定的背吃刀量。

（5）切削加工。根据零件的要求，合理确定进给次数，进行切削加工，加工完成后进行测量检验，以确保零件的质量。

二、车刀的安装

车刀的安装方法如图 3.2.15 所示。车刀安装应注意以下几点。

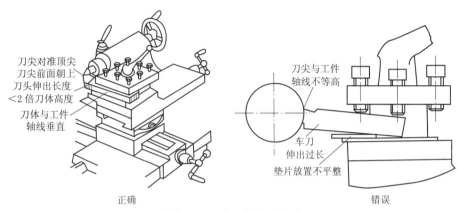

图 3.2.15 车刀的安装方法

（1）车刀刀尖应与车床主轴轴线等高，可根据尾座顶尖的高度来确定刀尖高度。

（2）车刀刀杆应与车床轴线垂直，否则将改变主偏角和副偏角的大小。

（3）车刀的刀体悬伸长度应小于刀杆厚度的 1.5～2 倍，以防切削时产生振动影响加工质量。

（4）垫刀片应平整、放正，并与刀架对齐。垫刀片一般使用 1～3 片，太多会降低刀杆与刀架的接触刚度。

（5）车刀装好后，应检查车刀在工件的加工极限位置时是否产生运动干涉或碰撞。

三、刻度盘及其手柄的使用

在切削工件时，为了准确和迅速地掌握背吃刀量，通常用中滑板或小滑板的刻度盘作为进刀的参考依据。

中滑板的刻度盘紧固在丝杠轴头上，通过丝杠螺母紧固在一起，当中滑板手柄带着刻度盘转一周时，丝杠也转动一周，这样螺母带动中滑板移动一个螺距。因此中滑板的移动距离可根据刻度盘上的格数来计算。

刻度盘每转一格中滑板带动刀架横向移动距离 = 丝杠螺距 ÷ 刻度盘格数，单位为 mm，CA6132 刻度盘每转一格相当于刀架横向移动 0.02 mm，即相当于直径方向减小 0.04 mm。

使用刻度盘时，由于丝杠和螺母之间存在间隙，会产生空行程，使用时必须慢慢调整刻度盘，如果刻度盘手柄转过了头，或试切时发现尺寸不对需退刀时，刻度盘不能直接退到所需要的刻度，应按图 3.2.16 所示的方法调整。

(a)　　　　　　　　(b)　　　　　　　(c)

图 3.2.16　刻度盘手柄退刀方法

(a)要求手柄转至30,但摇过头成40　(b)错误:直接退至30　(c)正确:反转约一圈后,再转至所需位置30

加工工件的外圆时,刻度盘手柄顺时针旋转,使刀向工件中心运动为进刀,反之为退刀。小滑板刻度盘主要用于控制零件轴向的尺寸,其刻度原理及使用方法与中滑板相同。

三、粗车与精车

在加工工件时,根据图纸要求,工件的加工余量需要经过几次走刀才能切除,为了提高生产率,保证工件尺寸精度和表面粗糙度,可把车削加工分为粗车和精车。这样可以根据不同阶段的加工,合理选择切削参数。粗车的目的是尽快切除毛坯上各加工表面的大部分加工余量,使毛坯在形状和尺寸上接近零件成品。粗车时,不仅要尽快切除加工余量以提高生产效率,还要给精车留有合适的加工余量,但是粗车对精度和表面质量要求较低,粗车精度低粗糙度大。选择粗车切削用量时,首先选择尽可能大的背吃刀量,一般应使留给本工序的加工余量一次切除,以减少走刀次数,提高生产率;精车主要目的是保证零件要求质量和粗糙度,因此,选择小的背吃刀量,小的进给量,所以效率较低。有时根据需要在粗车和精车之间再加半精车,其车削参数介于两者之间。

四、试切

在半精车和精车加工时,为了获得准确的背吃刀量,保证工件的尺寸精度,只靠刻度盘来进刀是不行的。因为刻度盘和丝杠都存在一定的误差,往往不能满足半精车和精车的要求,这就需要采用试切的方法。

试切方法就是通过试切—测量—调整—再试切的方法反复进行,使工件尺寸达到要求的加工方法。具体地讲是首先开动车床对刀,使车刀与工件表面有轻微的接触;然后向右退出车刀,接着增加横向背吃刀量来切削工件,切削后退出车刀,进行测量,如果尺寸合格了,就按照这个背吃刀量将整个表面加工完毕,如果尺寸还大,就要按照前面的步骤重新进行试切,直到尺寸合格后才能继续车削。试切法对刀步骤如图 3.2.17 所示。

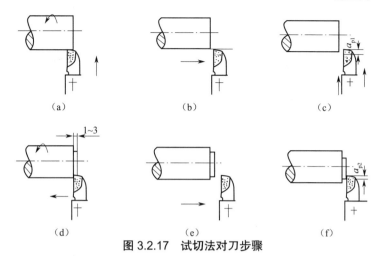

图 3.2.17　试切法对刀步骤

(a)对刀　(b)向右退出车刀　(c)横向进刀　(d)切削 1~3 mm　(e)退出车刀　(f)继续进刀

第五节　车削加工基本内容

车削时,主运动为工件的旋转,进给运动为车刀的移动,因此由旋转表面组成的轴、盘类零件大多是经车床加工出来的,如内外圆柱面、圆锥面、端面、内外成型旋转表面、内外螺纹等都能在车床上完成。

一、外圆车削

将工件车削成圆形表面的方法称为车外圆。它是生产中最基本,应用最广的工序。

车外圆时常用车刀如图 3.2.18 所示,尖刀主要用于车外圆,45°弯头刀和 90°偏刀通用性较好,可车外圆,又可车端面。右偏刀车削带有台阶的工件和细长轴,不易顶弯工件。带有圆弧的刀尖常用来车带过渡圆弧表面的外圆。

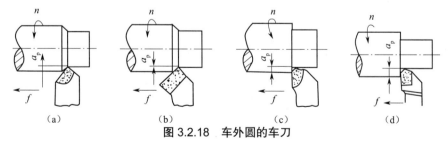

图 3.2.18　车外圆的车刀

(a)尖刀车外圆　(b)45°弯头刀车外圆　(c)右偏刀车外圆　(d)圆弧刀车外圆

(一)粗车外圆

选择粗车切削用量时,首先选择尽可能大的背吃刀量,一般应使留给本工序的加工余量一次切除,以减少走刀次数,提高生产率。当余量太大或工艺系统刚性较差时,则可经两次

119

或更多次走刀去除。若分两次走刀,则第一次走刀所切除的余量应占整个余量的 2/3 ~ 3/4。这就要求切削刀具能承受较大切削力,因此,应选用尖头刀和弯头刀。

粗车锻、铸件时,表面有硬层,可先车端面,或先倒角,然后选择大于硬皮厚度的背吃刀量,以免刀尖被硬皮过快磨损。

(二)精车外圆

精车的目的是保证工件的尺寸精度和表面质量,因此主要考虑表面粗糙度的要求,这就需要采取下列措施。

(1)合理选择车刀角度,一般用 90° 偏刀精车外圆。

(2)合理选择切削用量,加工同等塑性材料时,采用高速或低速切削可以获得较好的加工表面质量,尽可能选用小的进给量和背吃刀量。

(3)合理选择切削液,低速精车钢件时可用乳化液,低速精车铸件时用煤油润滑。用硬质合金车刀进行切削时,一般不需浇注切削液,如需浇注,必须连续浇注。

(4)采用试切法,由于中滑板的丝杠及其螺母的螺距与刻度盘的刻线均有一定的间隙和制造误差,完全靠刻度盘确定切削深度背吃刀量难以保证精车的尺寸精度,必须采用试切法,即通过试切—测量—调整—试切反复进行,使工件尺寸达到加工要求。

(三)外圆车削质量分析

车外圆时产生废品的主要原因及预防方法见表 3.2.1。

表 3.2.1 外圆车削质量分析

废品种类	产生原因	预防方法
尺寸精度达不到要求	(1)操作者粗心大意,看错图纸或刻度盘使用不当; (2)车削时盲目吃刀,没有进行试切削; (3)量具本身有误差或测量不正确	(1)车削时必须看清图纸尺寸要求,正确使用刻度盘,看清格数; (2)根据加工余量算出吃刀深度,进行试切削,然后修正背吃刀量; (3)量具使用前,必须仔细检查和调整零位,正确掌握测量方法
产生锥度	(1)工件安装时悬臂较长,车削时因切削力影响使前端让开,产生锥度; (2)用小滑拖板车外圆时产生锥度,使小滑板的位置不正,即小滑板的刻线跟中滑板上的刻线没有对准"0"线	(1)尽量减少工件的伸出长度,或另一端用顶尖支顶,增加装夹刚性; (2)使用小滑板车外圆时,必须事先检查小滑板上的刻线是否跟中滑板刻线的"0"线对准
产生椭圆	毛坯余量不均匀,在切削过程中背吃刀量发生变化	分粗、精车
表面粗糙度达不到要求	(1)车刀刚性不足或伸出太长引起振动; (2)工件刚性不足引起振动; (3)车刀几何形状不正确; (4)切削用量选择不恰当	(1)增加车刀的刚性和正确装夹车刀; (2)增加工件的装夹刚性; (3)选择合理的车刀角度; (4)用油石研磨切削刃,减小表面粗糙度,走刀量不宜太大,精车余量和切削速度选择适当

二、端面车削

端面常作为轴类、盘套类零件的轴向基准，车削加工时，一般都先将端面车出。对工件端面进行车削的方法称为车端面。

车端面应用端面车刀，常用的有 90° 偏刀和 45° 弯头刀。开动车床使工件旋转，移动床鞍（或小滑板）控制背吃刀量，中滑板横向走刀进行横向进给车削，如图 3.2.19 所示。

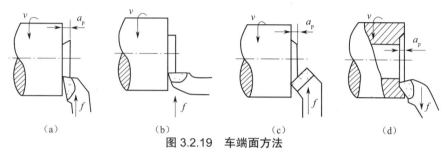

图 3.2.19　车端面方法

（a）右偏刀由外向中心车端面　（b）左偏刀由外向中心车端面
（c）用弯头车刀由外向中心车端面　（d）用右偏刀由中心向外车端面

车端面时，应注意以下几点。

（1）安装工件时，要对其外圆及端面进行找正。

（2）安装车刀时，刀尖应对准零件中心，以免车出端面留下小凸台。

（3）由于车削时被切部分直径不断变化，从而引起切削速度的变化，应适当调整转速，使靠近工件中心处的转速高些，最后一刀可由中心向外进给。

（4）若出现端面不平整，应将床鞍板紧固在床身上，用小滑板调整背吃刀量，使车刀能准确地横向进给。

三、内孔车削

车床上最常用的内孔车削为钻孔和镗孔，在实体材料上进行孔加工时，要先钻孔，再进行镗孔（图 3.2.20）。钻孔时刀具为麻花钻，通常是装在尾架套筒内由手动进给。钻孔时应注意以下几点。

121

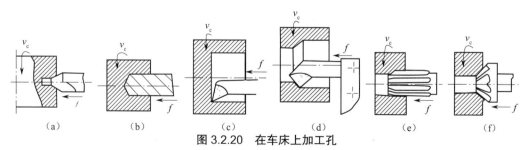

图 3.2.20　在车床上加工孔

（a）钻中心孔　（b）钻孔　（c）镗盲孔　（d）镗通孔　（e）铰孔　（f）锪锥孔

（1）钻孔前先车端面，中心处不能有凸台，必要时先打中心孔或凹坑。

（2）钻削开始时，和钻通之前进刀都要慢，钻削过程中应随时退刀以清除切屑。

（3）充分使用切削液冷却工件、切屑和刀具。

（4）孔钻通或钻到要求深度时，应先退出钻头，再停车。

在已有孔（钻孔、铸孔、锻孔）的工件上如需对孔做进一步扩径的加工称为镗孔。镗孔有以下三种情况。

（1）通孔。镗通孔可采用与外圆车刀相似的 45° 弯头镗刀。为了减小表面粗糙度，副偏角可选较小值。

（2）盲孔。镗不通孔或台阶孔时，由于孔的底部有一端面，因此孔加工时镗刀主偏角应大于 90°，精镗盲孔时刃倾角 λ_s 一般取负值，以使切屑从孔口排出。

（3）内环形槽。实际上这是在孔内局部对孔径进行扩大，类似在外围表面上切槽。

镗孔时由于刀具截面积受被加工孔径大小的影响，刀杆悬伸长，使工作条件变差，因此解决好镗刀的刚度是保证镗孔质量的关键。

四、切槽与切断

（一）切槽

回转体零件表面上常有一些功能性沟槽，如退刀槽、砂轮越程槽、油槽、密封槽等。在工件表面车削沟槽的方法称为切槽。根据沟槽在零件上的位置可分为外槽、内槽与端面槽，如图 3.2.21 所示。

轴上的外槽和孔的内槽多属于工艺槽，如车螺纹时的退刀槽，磨削时砂轮的越程槽。此外有些沟槽，或是装上零件作定位、密封之用，或是作为油、气的通道及贮存油脂作润滑之用等。在轴上切槽与车端面相似，宽度小于 5 mm 的窄槽，可用主切削刃与槽等宽的切槽刀一次切出；切削宽度大于 5 mm 的宽槽时，可分几次切出（图 3.2.22）。

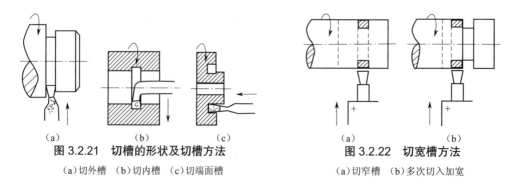

图 3.2.21　切槽的形状及切槽方法　　　图 3.2.22　切宽槽方法

（a）切外槽　（b）切内槽　（c）切端面槽　　（a）切窄槽　（b）多次切入加宽

（二）切断

把坯料或工件从夹持端上分离下来的车削方法称为切断。切断所用切断刀结构与切槽刀相似。常用的切断方法有直进法和左右借刀法（图 3.2.23）。直进法常用于切断铸铁等脆性材料;左右借刀法用于切断钢等塑性材料。

切断刀刀头窄而长,切断时伸进工件内部,散热条件差,排屑困难,切削时易折断。

五、锥体车削

锥面有配合紧密、传递扭矩大、定心准确、同轴度高、拆装方便等优点,故锥体使用广泛。锥面是车床上除内外圆柱面之外最常加工的表面之一。常用的锥体车削方法如下。

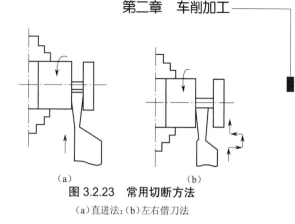

图 3.2.23 常用切断方法

(a)直进法;(b)左右借刀法

(一)宽刀法

宽刀法是利用刀具的刃形(角度及长度)横向进给切出所需圆锥面的方法,如图 3.2.24 所示。此时要求刀刃必须平直,切削加工系统要用较高的刚性,适用于批量生产。

(二)转动小刀架车锥体法

转动小刀架车锥体法图 3.2.25 所示。由于车床小刀架(上滑板)行程较短,只能加工短锥面且多为手动进给,故车削时进给量不均匀,表面质量较差,但此法调整最方便且锥角大小不受限制,因此获得广泛应用。

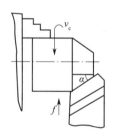

图 3.2.24 宽刀法加工锥面

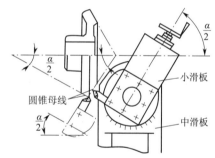

图 3.2.25 转动小刀架车锥体法加工锥面

(三)偏移尾架法

如图 3.2.26 所示,工件安装在前后顶尖上,将尾座带动顶尖横向偏移距离 S,使工件轴线与主轴轴线的交角等于锥面的半锥角 α。

偏移尾架法适合加工锥度较小($\pm 10°$)、长度较长的圆锥面,并能自动走刀,表面粗糙度比转动小刀架车锥体法小。但因顶尖在中心孔中歪斜,接触不良,所以中心孔易磨损,且不能加工内圆锥面。

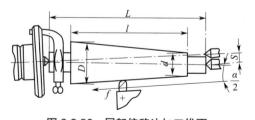

图 3.2.26 尾架偏移法加工锥面

（四）靠模法

利用此方法时,车床上要安装靠模附件,小刀架要转过90°以作吃刀调节之用。它的优点是可在自动进给条件下车削锥体,且一批工件能获得稳定一致的合格锥度,但目前已逐渐为数控车削锥体所代替,因此不再学习。

六、螺纹车削

螺纹种类很多,按牙型分为三角形螺纹、梯形螺纹和方牙螺纹等。按标准分为公制螺纹和英制螺纹两种,前者三角螺纹的牙形角为60°,用螺距或导程来表示其主要规格;后者三角螺纹的牙形角为55°,用每英寸牙数作为主要规格。各种螺纹都有左旋、右旋、单线、多线之分,其中以公制三角螺纹应用最广,称为普通螺纹。

（一）螺纹车削

1.螺纹车刀及其安装

螺纹牙形要靠螺纹车刀的正确形状来保证,因此三角螺纹车刀刀尖及刀刃的交角应为60°,而且精车时车刀的前角应等于0°,刀具安装应保证刀尖分角线与工件轴线垂直。

2.车螺纹时车床运动的调整

通常在具体操作时可按车床进给箱表牌上表示的数值按交换齿轮齿数及欲加工工件螺距值,调整相应的进给调速手柄即可满足要求。

（二）车螺纹的操作过程

为车外螺纹时的操作过程,如图3.2.27所示。①开车对刀:记下刻度盘读数,车刀向右退离工件。②开车试切:合上开合螺母,走刀车螺纹至退刀槽,退刀,停车。③退刀检查:倒车使车刀退至工件右端外,停车,检查螺距是否对。④适当进刀:开始车削,至退刀槽停车。⑤退刀:倒车使车刀退至工件右端外。⑥再进刀:重复以上加工动作直至完成。

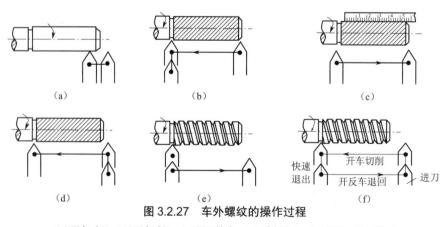

图3.2.27 车外螺纹的操作过程

（a）开车对刀 （b）开车试切 （c）退刀检查 （d）适当进刀 （e）退刀 （f）再进刀

车内螺纹与车外螺纹基本相同,只是进刀与退刀方向相反。

(三)螺纹车刀及其安装

为了使车出的螺纹形状准确,必须使车刀刃部的形状与螺纹轴向截面形状相吻合,即牙形角等于刀尖角。如图 3.2.28 所示,车三角形普通螺纹时,车刀的刀尖角 α =60°,并且其前角等于零,才能保证工件螺纹的牙形角,否则牙形角将产生误差。粗加工或螺纹要求不高时,其前角可取 5°~20°。

螺纹车刀装夹是否正确,对车出的螺纹质量有很大影响。如图 3.2.29 所示,为了使螺纹牙形半角相等,必须用样板对刀,以保证车床的螺纹牙形两边对称。刀尖应与工件中心等高,否则螺纹截面将有所改变。

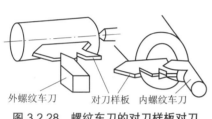

外螺纹车刀　　对刀样板　　内螺纹车刀

图 3.2.28　螺纹车刀的对刀样板对刀

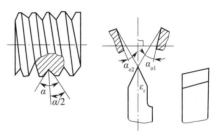

图 3.2.29　螺纹车刀正确安装

(四)进刀方法

螺纹的牙形是经过多次走刀形成的,车螺纹的进刀方式(图 3.2.20)主要有三种。

(1)直进法,即用中滑板垂直进刀,两个切削刃同时进行切削,此法适用于小螺距或最后精车。

(2)借刀法,即除用中滑板垂直进刀外,同时用小滑板使车刀左右微量进刀,只有一个刀刃切削,车削比较平稳,操作复杂,适用于塑性材料和大螺距螺纹的粗车。

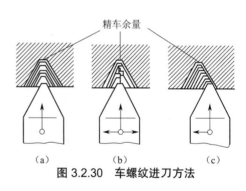

精车余量

(a)　　　　(b)　　　　(c)

图 3.2.30　车螺纹进刀方法

(3)斜进法,即除用中滑板横向进给外,还用小滑板使车刀向一个方向微量进给,主要用于粗车。

(五)注意事项

(1)选择好车削用量。车螺纹时的走刀速度较快,主轴的转速不宜过高,一般粗车时选切削速度为 13~18 m/min,每次背吃刀量为 0.15 mm 左右,计算好进刀次数,留精车余量 0.2 mm;精车时,切削速度为 5 ~ 10 m/min,每次进刀 0.02~0.05 mm。

(2)工件和主轴的相对位置固定。当由顶尖上取下工件测量时,不得松开卡箍;重新安装工件时,必须使卡箍与卡盘的相对位置不变。

（3）若切削中途换刀，需重新对刀。由于传动系统存在间隙，对刀时，应先使车刀沿切削方向走一段距离，停车后再进行对刀。此时移动小滑板使车刀切削刃与螺纹槽相吻合即可。

（4）为保证每次走刀时，刀尖都能正确落在已经车削过的螺纹槽内，当丝杠的螺距不是零件螺距的整数倍时，不能在车削过程中打开开合螺母，应采用正反车法。

（5）车螺纹时，禁止用手触摸工件（特别是内螺纹）和用棉纱擦拭旋转的螺纹。

（六）测量与检验

螺纹的测量主要是测量螺距、牙形角和螺纹中径。螺距一般用钢直尺测量，牙形角一般用样板测量，也可用螺距规同时测量螺距和牙形角。螺纹中径是靠加工过程中的正确操作来保证的。

七、车成型面

在回转体上有时会出现母线为曲线的回转表面，如手柄、手轮等，这些表面称为成型面。在车床上加工成型面的方法一般有双手控制法、成型车刀法、靠模法和数控法。

（一）双手控制法

双手控制法是双手同时操纵中、小滑板手柄，做纵向和横向进给进行车削，使刀尖的运动轨迹与工件成型面母线轨迹一致，如图 3.2.31 所示。该方法加工简单方便，但对操作者技术要求高，零件成型后，还需进行锉修，生产效率低，加工精度低。

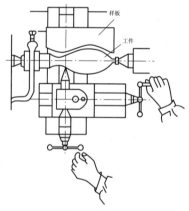

图 3.2.31　双手控制法加工成型面

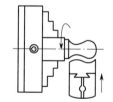

图 3.2.32　成型车刀法加工成型面

（二）成型车刀法

成型车刀法用类似工件轮廓的成型车刀车出所需的轮廓线，如图 3.2.32 所示。成型刀装夹时刃口应与零件轴线等高。车刀与工件的接触面大，易振动，应采用小的切削用量，只做横向进给，且要有良好的润滑条件。此法操作简单方便，生产率高，且能获得精确的表面形状。但成型刀制造成本高,且不容易刃磨,因此,成型车刀法仅适用于批量生产。

(三)靠模法

靠模法车削原理与圆锥面加工中的靠模法类似,只要把靠模板制成所需回转成型面的母线形状,使刀尖运动轨迹与靠模板形状完全相同,车出成型面。此法加工零件尺寸不受限制,可采用机动进给,适用于生产批量大、车削轴向长度长、形状简单的成型面零件。(参考靠模法车削锥面,考虑有什么异同)

(四)数控法

按零件轴向剖面的成型面的成型母线轨迹,编制数控加工程序,输入数控车床,完成成型面的加工。由于数控车床刚性好,制造和对刀精度高以及能方便地进行人工补偿和自动补偿,因此,车出的成型面质量高,生产率也高,还可车复杂形状的零件。

八、滚花

滚花是用特制的滚花刀挤压工件,使其表面产生塑性变形而形成花纹的方法,如图3.2.33 所示。

滚花刀有直纹滚花刀和网纹滚花刀,分别用于滚两种花纹。滚花前,须将零件上滚花部分的直径车得小于工件所要求尺寸0.15～0.8 mm,这是因为滚花后外径由于有了滚花的凸起,尺寸要变大0.15～0.8 mm,然后将滚花刀的表面与工件平行接触,保持两中心线一致。在滚花刀接触工件开始切削时,须用较大的压力,等吃到一定深度后,再进行纵向自动进给,这样表面滚压1～2 次,直到花纹滚好为止。此外,滚花时工件的转速要低,并施加充分的切削液。

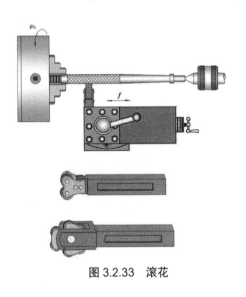

图 3.2.33　滚花

第六节　典型零件的车削工艺

制作榔头柄(图3.2.34)的工艺流程见表3.2.2。

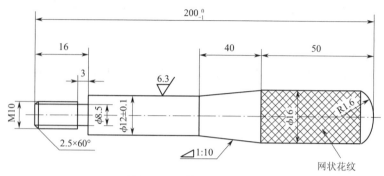

图 3.2.34　榔头柄零件图

表 3.2.2　榔头柄工艺流程

天津商业大学车工实习考核件		零件名称	榔头柄	数量	一件
机械加工工艺卡片		毛坯种类	$\phi18$ 圆钢热轧状态	材料牌号	45 号钢
		毛坯尺寸	$\phi18\times205$ mm	质量	0.251 kg
序号	工步	设备	刀具夹具等	工序内容	备注
一	找正夹紧	CM6132 普通卧式车床	三爪卡盘、刀架扳手等	毛坯伸出 5 mm，找正夹紧	
二	车端面		45° 弯头刀	车端面	
三	钻中心孔		尾架、中心钻	钻端面中心孔	
四	顶尖三爪安装夹紧		三爪卡盘、顶尖	夹持毛坯伸出 60 mm，顶尖、三爪共同安装。	
五	车外圆、滚花、车圆弧面		90° 外圆车刀、滚花刀	车外圆 $\phi16$ 长 60 mm，滚花 50 mm，车端面 $R10$ 半圆球面（双手控制法）	
六	调头、找正夹紧		三爪卡盘、顶尖	三爪卡盘调头找正夹紧	
七	车端面		45° 弯头刀	车端面	
八	钻中心孔		尾架、中心钻	钻另一端端面中心孔	
九	顶尖三爪安装夹紧		三爪卡盘、顶尖	三爪卡盘夹滚花部位，顶尖顶中心孔	
十	车外圆		90° 车刀	按需要外径车 M16 螺纹的工序尺寸外圆至 16 mm，车 $\phi12$ 外圆，车 $\phi40$ 长的锥度	
十一	车退刀槽、倒角		切槽刀、45° 弯头刀	切 3 mm 宽退刀槽，车倒角	
十二	套螺纹 M10		板牙、三爪卡盘	套扣	
十三	检验		游标卡尺	按图纸检验	

第三章　铣削

实训目的及要求：

（1）了解铣削加工的基本知识；

（2）熟悉万能卧式铣床主要组成部分的名称、运动及其作用；

（3）了解数控铣床、加工中心的结构及工作特点；

（4）了解常用铣床附件（分度头、转台、立铣头）的功用；

（5）了解平面、斜面、沟槽的铣削加工；

（6）了解常用齿形的加工方法；

（7）掌握铣削加工工序的制定。

在铣床上用铣刀对工件进行切削加工的过程称为铣削。铣削也是一种半精加工手段。铣削可用来加工平面、台阶、斜面、沟槽、成型表面、齿轮和切断等，还可以进行钻孔和镗孔加工。铣削加工的尺寸公差等级一般可达 IT9~IT7，表面粗糙度 Ra 一般为 $6.3 \sim 16 \ \mu m$。铣刀是旋转使用的多齿刀具。铣削时，每个刀齿是间歇地进行切削，刀刃的散热条件好，可以采用较大的切削用量，是一种高生产率的加工方法，特别适用于加工平面和沟槽。

第一节　铣削运动和铣削用量

一、铣削运动

铣床上常见的铣削方式如图 3.3.1 所示。由图可知，不论哪一种铣削方式，完成铣削过程时都必须具有以下运动。

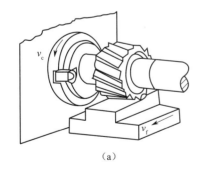
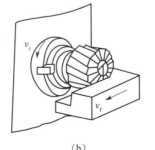
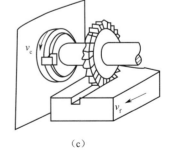

（a）　　　　　　　　　（b）　　　　　　　　　（c）

图 3.3.1　常见铣削工作

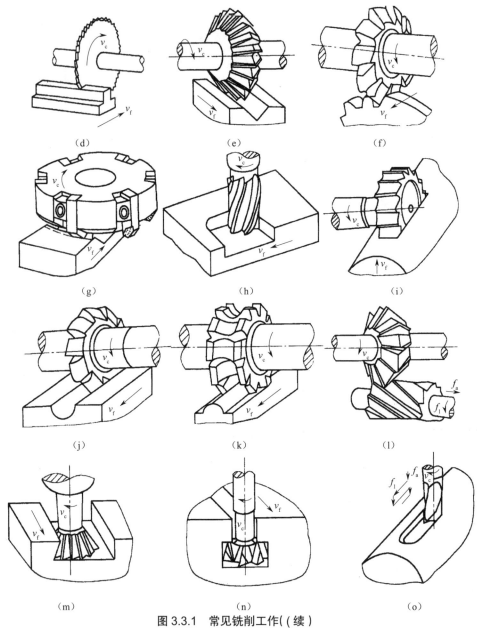

图 3.3.1　常见铣削工作（（续））

（a）圆柱形铣刀铣平面　（b）套式立铣刀铣台阶面　（c）三面刃铣刀铣直角槽　（d）锯齿铣刀切断　（e）角度铣刀铣 V 形槽
（f）齿轮铣刀铣齿轮　（g）端铣刀铣平面　（h）立铣刀铣凹平面　（i）半圆键槽铣刀铣半圆槽　（j）凸半圆铣刀铣凹圆弧面
（k）凹半圆铣刀铣凸圆弧面　（l）角度铣刀铣螺旋槽　（m）燕尾槽铣刀铣燕尾槽　（n）T 形铣刀铣 T 形槽　（o）键槽铣刀铣键槽

（1）铣刀的高速旋转——主运动。

（2）工件随工作台缓慢的直线移动——进给运动,该进给运动可分为垂直、横向和纵向运动。

二、铣削用量

铣削时的铣削用量由铣削速度 v_c、进给量 f、背吃刀量（又称铣削深度） a_p 和侧吃刀量

（又称铣削宽度）a_e 四要素组成。

（一）铣削速度

铣削速度即铣刀最大直径处的线速度，可由下式计算：

$$v_c = \pi d_0 n / 1\,000$$

式中　d_0 —— 铣刀直径，mm；

$\quad\quad n$ —— 铣刀转速，r/min。

（二）进给量

进给量指工件相对铣刀移动的距离，分别用三种方法表示：

（1）每转进给量 f 指铣刀每转动一周，工件与铣刀的相对位移量，单位为 mm/r（铣床加工时的进给量均指进给速度）；

（2）每齿进给量 f_z 指铣刀每转过一个刀齿，工件与铣刀沿进给方向的相对位移量，单位为 mm/z；

（3）进给速度 v_f 指单位时间内工件与铣刀沿进给方向的相对位移量，单位为 mm/min。通常情况下，

三者之间的关系为

$$v_f = f \cdot n = f_z \cdot Z \cdot n$$

式中　Z —— 铣刀齿数；

$\quad\quad n$ —— 铣刀转数（r/min）。

（三）背吃刀量

背吃刀量 a_p 指平行于铣刀轴线方向测量的切削层尺寸。

（四）侧吃刀量

侧吃刀量 a_e 指垂直于铣刀轴线并垂直于进给方向度量的切削层尺寸，如图 3.3.2 所示。

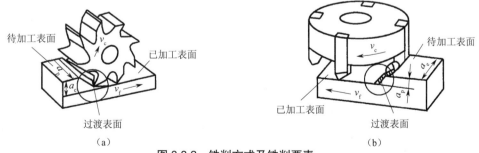

图 3.3.2　铣削方式及铣削要素

（a）周铣　（b）端铣

第二节　铣床类机床及铣镗加工中心

一、铣床类机床

铣床类机床的工作特点是刀具做旋转运动——主运动,工件做直线移动——进给运动。根据刀具位置和工作台的结构,铣床类机床一般可分为带刀旋转轴水平布置(卧式)和带刀旋转轴垂直布置(立式)两种形式。

(一)卧式铣床

X6125 型卧式铣床为带刀旋转轴水平布置的一种常见铣床,如图 3.3.3 所示。其工作台分为三层,分别为纵向工作台、横溜板和转台。在纵向工作台上安放工件,工件可沿着横溜板上的导轨做纵向移动。横溜板则安装在转台上,可绕轴在水平方向做 ±45°方向旋转。转台安放在升降台上,可沿着横向导轨使转台横溜板和纵向工作台做横向移动,故它称为万能卧式铣床。

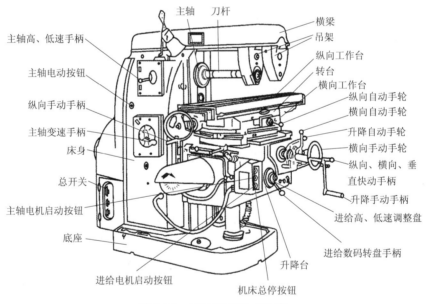

图 3.3.3　X6125 型卧式铣床

在 X6125 型卧式铣床编号中,"X"表示铣床类;"6"表示卧式铣床;"1"表示万能升降台铣床;"25"表示工作台宽度 1/10,即工作台宽度为 250 mm。

X6125 型卧式铣床主要由床身、主轴、横梁、纵向工作台、转台、横向工作台和升降台等部分组成。

(1)主轴是空心的,前端有锥孔,可用来安装刀杆或刀具。

(2)横梁用来支撑铣刀刀杆伸出的一端,以加强刀杆的刚度。

（3）纵向工作台可以在转台的导轨上做纵向移动，以带动安装在台面上的工件做纵向进给。

（4）转台可以使纵向工作台在水平面内扳转一个角度（沿顺时针或逆时针扳转的最大角度为45°），来铣削螺旋槽等。

（5）横向工作台用来带动纵向工作台一起做横向进给。

（6）升降台可沿床身导轨做垂直移动，用以调整工作台在垂直方向上的位置。

（二）立式铣床

立式升降台铣床简称立式铣床。X5032 型立式铣床如图 3.3.4 所示。

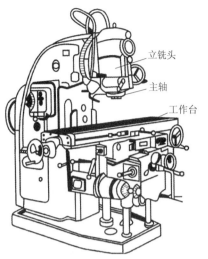

立铣头
主轴
工作台

图 3.3.4　X5032 型立式铣床

X5032 型立式铣床编号中，"X"表示铣床，"5"表示立式铣床，"0"表示立式升降台铣床，"32"表示工作台面宽度的 1/10，即工作台面宽度为 320 mm。

立式铣床与卧式铣床的主要区别在于其主轴与工作台面垂直，铣刀安装在主轴上，由主轴带动做旋转运动，工作台带动零件做纵向、横向、垂直方向移动。

根据加工的需要，可以将铣头（包括主轴）左、右倾斜一定角度，以便加工斜面等。

立式铣床生产率比较高，可以利用立铣刀或面铣刀加工平面、台阶、斜面和键槽，还可加工内外圆弧、T 形槽及凸轮等。

（三）其他铣床

此外，按加工要求不同还有龙门铣床（图 3.3.5）和双端面铣床（图 3.3.6）等。这类铣床一般由一个以上旋转刀轴组成。每一个刀轴有独立的转动部件（称为铣头）。龙门铣床上有四个铣头：两个铣头垂直，两个铣头水平，都由独立的电动机带动。龙门铣床一般用来加工大型零件。双端面铣床上具有两个水平轴的铣头，工件只做前后移动，铣头可独立上下移动，主轴除旋转外还可做轴向移动。

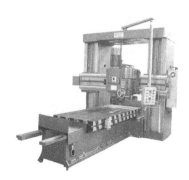

图 3.3.5　龙门铣床

图 3.3.6　双端面铣床

和车床一样,目前数控铣床也获得了广泛的应用。如果用微机来控制铣床主轴的旋转运动和工作台的进给运动,即称为计算机数控(Computer Numerical Control,CNC)铣床。它可承担多数中小型零件的铣削或复杂型面的加工。随着加工技术的发展,在数控铣床基础上发展了铣镗加工中心,其特点是除了能完成数控铣床上的铣削工作外,还可进行镗、钻、铰、攻丝等综合加工,并配有自动刀具交换系统(Auto Tool Change, ATC)、自动工作台交换系统(APC)、工作台自动分度系统等,在一次工件装夹中可以自动更换刀具进行铣、钻、铰、攻丝、镗等多工序操作。

三、铣刀及其安装

铣刀实质上是由几把单刃刀具组成的多刃刀具,它的刀齿分布在圆柱铣刀的外回转表面或端铣刀的端面上。根据结构的不同,铣刀可以分为带孔铣刀和带柄铣刀。

(一)带孔铣刀

带孔铣刀多用于卧式铣床。常用的带孔铣刀有圆柱铣刀、三面刃铣刀、锯片铣刀、角度铣刀和半圆弧铣刀等,如图3.3.7所示。带孔铣刀常用长刀杆安装,如图3.3.8所示。安装时,铣刀尽可能靠近主轴或吊架,使铣刀有足够的刚度。安装好铣刀后,在拧紧刀轴压紧螺母之前,必须先装好吊架,以防刀杆弯曲变形。

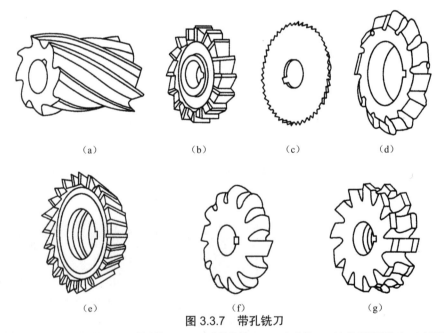

（a）　　　　　　（b）　　　　　　（c）　　　　　　（d）

（e）　　　　　　　　（f）　　　　　　　　（g）

图 3.3.7　带孔铣刀

（a)圆柱铣刀　(b)三面刃铣刀　(c)锯片铣刀　(d)盘状模数铣刀　(e)角度铣刀　(f)凸半圆弧铣刀　(g)凹半圆弧铣刀

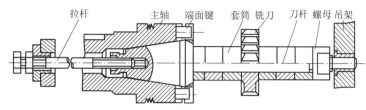

图 3.3.8 带孔铣刀安装

（二）带柄铣刀

带柄铣刀多用于立式铣床，有的也可用于卧式铣床。常用的带柄铣刀有镶齿端铣刀、立铣刀、键槽铣刀、T 形槽铣刀和燕尾槽铣刀等，如图 3.3.9 所示。

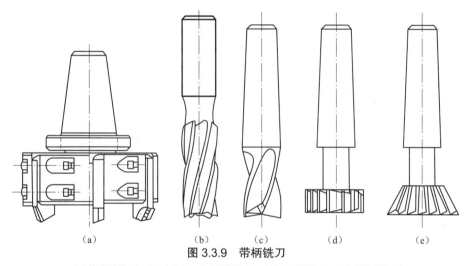

图 3.3.9 带柄铣刀

（a）镶齿端铣刀 （b）立铣刀 （c）键槽铣刀 （d）T 形槽铣刀 （e）燕尾槽铣刀

带柄铣刀按照其直径的大小有锥柄和直柄两种。其中，如图 3.3.9（a）所示为锥柄铣刀，安装时需先选用合适的过渡锥套，再用拉杆将铣刀及过渡锥套一起拉紧在主轴端部的锥孔内；图 3.3.9（b）所示为直柄铣刀，铣刀的直径一般不大，多用弹簧夹头进行安装。

四、常见铣床附件及其安装

铣床的主要附件有平口钳、万能铣头、回转工作台和分度头等。其中平口钳和钳工用的老虎钳类似，区别在其钳口平整，可以保护工件不被夹伤，在此不再赘述。

（一）万能铣头

万能铣头是一种扩大卧式铣床加工范围的附件，如图 3.3.10（a）所示。利用它可以在卧式铣床上进行立铣工作。使用万能铣头时，需先卸下卧式铣床的横梁和刀杆，然后再装上万能铣头。

由于铣头的大本体可以绕铣床主轴轴线旋转任意角度（图 3.3.10（b）），小本体可以在大本体上偏转任意角度(图3.3.10(c)),因此万能铣头的主轴可在空间内偏转成任意所需的角度。

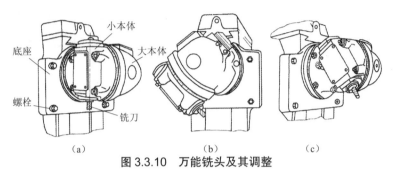

图 3.3.10　万能铣头及其调整

(a)外形　(b)大本体可绕主轴旋转　(c)小本体可绕大本体旋转

(二)回转工作台

回转工作台又称转盘、圆形工作台和平分盘等,如图3.3.11所示。回转工作台主要用于分度以及铣削带圆弧曲线的外表面和带圆弧沟槽的工件。

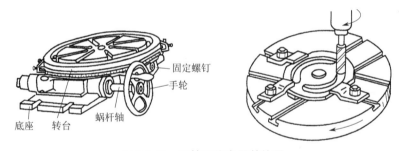

图 3.3.11　回转工作台及其使用

当用回转工作台铣圆弧槽时,工件用平口钳或三爪自动定心卡盘安装在回转工作台上。安装工件时必须先找正,使工件上圆弧槽的中心和回转工作台的中心重合。铣削时,铣刀旋转,然后手动(或自动)均匀缓慢地转动回转工作台,即可在工件上铣出圆弧槽。

(三)万能分度头分度方法

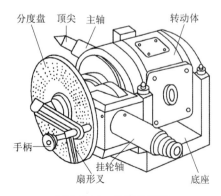

图 3.3.12　分度头外形

万能分度头是铣床的重要附件,如图3.3.12所示为。利用万能分度头可把工件的圆周做任意角度的分度,以便铣削四方、六方、齿槽及花键键槽等工件。在铣完一个面或一个沟槽后,需要将工件转过一定角度,此过程称为"分度"。

分度头主轴前端锥孔可安装顶尖,用来支承工件;主轴外部有螺纹可以安装卡盘和拨盘来装夹工件。分度头转动体可使主轴在垂直平面内转动一定角度,以便铣削斜面或垂直面。

分度头侧面配有分度盘,在分度盘不同直径的圆周上钻出不同数目的等分孔,以便进行分度。

分度头内部的传动系统如图3.3.13(a)所示。转动手柄,通过一对传动比为1∶1的直齿圆柱齿轮和一对传动比为1∶40的蜗杆蜗轮传动,使分度头主轴带动工件转动一定角度。手柄转一圈,主轴带动工件转1/40圈。

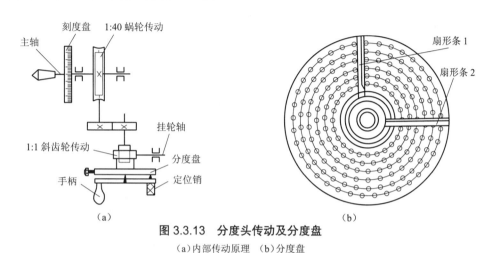

图3.3.13 分度头传动及分度盘

(a)内部传动原理 (b)分度盘

如果要将工件的圆周 Z 等分,则每次分度工件应转过 1/Z 圈。设每次分度手柄的转数为 n,则手柄转数 n 与工件等分数 Z 之间有如下关系:

$$1 ∶ 40 = \frac{1}{Z} ∶ n$$

得

$$n = 40/Z$$

例如,要铣齿数为21的齿轮,需对齿轮毛坯的圆周做21等分,每一次分度时,手柄转数为

$$n = 40/21 = 1 + 19/21$$

分度时,如求出的手柄转数不是整数,可利用分度盘上的等分孔距来确定。分度盘如图3.3.13(b)所示,其正反面各钻有许多孔圈,各圈孔数均不相等,而同一孔圈上的孔距是相等的。常用的分度盘正面各圈孔数为24、25、28、30、34、37;反面各圈孔数为38、39、41、42、43。

例如,要将手柄转动40/21圈,先将分度手柄上的定位销拔出,调到孔数为21的倍数的孔圈(即孔数为42)上,手柄转1整圈后,再继续转过19×2 = 38个孔距,即完成第一次分度。为减少每次分度时数孔的麻烦,可调整分度盘上的扇形叉(也叫扇形条)1、2间的夹角,形成固定的孔间距数,在每次分度时只要拨动扇形条即可准确分度。

第三节 铣削工作

铣床的工作范围很广,常见的铣削工作有铣平面、铣斜面、铣沟槽、铣成型面、钻孔以及铣螺旋槽等,如图 3.3.1 所示。

一、铣平面

(1)用端铣刀铣平面。目前铣平面的工作多采用镶齿端铣刀在立式铣床或卧式铣床上进行。由于端铣刀铣削时,切削厚度变化小,同时进行切削的刀齿较多,因此切削较平稳。而且端铣刀的柱面刃承受着主要的切削工作,而端面刃又有刮削作用,因此表面粗糙度较小。

(2)用圆柱形铣刀铣平面。铣平面的圆柱形铣刀有两种,即直齿与螺旋齿,其结构形式又有整体式和镶齿式之分。用螺旋齿铣刀铣削时,同时参加切削的刀齿数较多,每个刀齿工作时都是沿螺旋线方向逐渐切入和脱离工件表面的切削比较平稳。铣平面所用刀具及方法较多,参见图 3.3.1。

二、铣斜面

工件上具有斜面的结构很常见,铣削斜面的方法也很多,下面介绍常用的几种。

(一)使用倾斜垫铁铣斜面

在零件设计基准的下面垫一块倾斜的垫铁,则铣出的平面就与设计基准面成倾斜位置。改变倾斜垫铁的角度,即可加工不同角度的斜面,如图 3.3.14 所示。

(二)用万能铣头铣斜面

由于万能铣头能方便地改变刀轴的空间位置,因此可以转动铣头以使刀具相对工件倾斜一个角度来铣斜面,如图 3.3.15 所示。

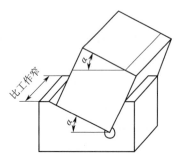

图 3.3.14 倾斜垫铁安装铣平面

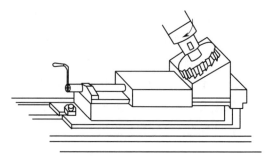

图 3.3.15 万能铣头改变刀轴位置铣平面

（三）利用分度头铣斜面

在一些圆柱形和特殊形状的零件上加工斜面时，可利用分度头将工件转成所需位置而铣出斜面，如图3.3.16所示。

（四）用角度铣刀铣斜面

较小的斜面可用合适的角度铣刀加工。当加工零件批量较大时，常采用专用夹具铣斜面（参见图3.3.1，(e)和(o)）。

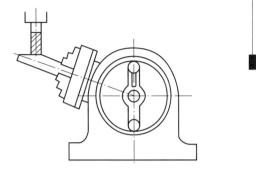

图 3.3.14 利用分度头倾斜安装铣斜面

三、铣沟槽

铣床能加工沟槽的种类很多，像直槽、角度槽、V形槽、T形槽、燕尾槽和键槽等。这里着重介绍键槽和T形槽的加工，其他参见图3.3.1。

1. 铣键槽

常见的键槽有封闭式和敞开式两种。对于封闭式键槽，单件生产一般在立式铣床上加工，当批量较大时，常在键槽铣床上加工。在键槽铣床上加工时，利用抱钳（图3.3.17）把工件卡紧后，再用键槽铣刀一薄层一薄层地铣削，直到符合要求为止。

若用立铣刀加工，由于立铣刀中央无切削刃，不能向下进刀，因此必须预先在槽的一端钻一个落刀孔，才能用立铣刀铣键槽。可以加工两边封闭键槽对于敞开式键槽，可在卧式铣床上进行，一般采用三面刃铣刀加工，如图3.3.18所示。

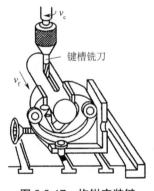

图 3.3.17 抱钳安装键槽铣刀铣键槽

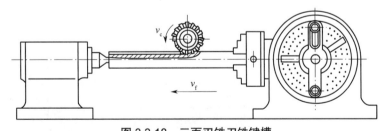

图 3.3.18 三面刃铣刀铣键槽

（二）铣T形槽

T形槽应用很多，如铣床和刨床的工作台上用来安放紧固螺栓的槽就是T形槽。要加工T形槽，首先，由钳工进行划线；其次，须用立铣刀或三面刃铣刀铣出直角槽；再次在立式铣床上用T形槽铣刀铣削T形槽，但由于T形槽铣刀工作时排屑困难，因此切削用量应选得小些,同时应多加冷却液;最后,再用角度铣刀铣出倒角铣床形槽的工艺见图 3.3.19 所示。

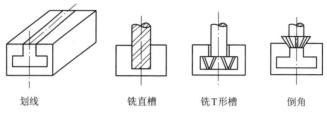

图 3.3.19　铣 T 形型槽的工艺程

(三)铣燕尾槽

燕尾槽在机械上的使用也较多,如车床导轨、牛头刨床导轨等。燕尾槽的铣削和 T 形槽类似,也是首先由钳工进行划线;其次,须用立铣刀或三面刃铣刀铣出直角槽;最后,用燕尾槽铣刀铣出燕尾槽,铣削时燕尾槽铣刀刚度弱,容易折断,因此切削用量应选得小些,同时应多加冷却液,经常清除切屑。铣燕尾槽的工艺过程如图 3.3.20 所示。

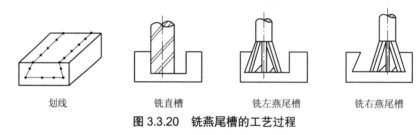

图 3.3.20　铣燕尾槽的工艺过程

四、铣成型面

在铣床上常用成型铣刀加工成型面,成型铣刀如图 3.3.19 所示,其工艺过程如图 3.3.19 所示。图 3.3.1 中(f),(j),(k)图也是各种成型刀铣成型面。此外数控机床上通过计算机辅助设计 / 计算机辅助制造(Computer Aided Design/Computer Aided Manu facturing, CAD/CAM)系统绘制三维零件图后也可直接转为数控加工程序进行加工,如现代商业产品成型模具凹模、凸模等。

高速数控铣床正在铣削沙滩椅塑料成型凹模如图 3.3.19 所示。

图 3.3.21　高速数控铣床正在铣削沙滩椅塑料成型凹模

五、铣螺旋槽

在铣削加工中常常会遇到铣削斜齿轮、麻花钻、螺旋铣刀的沟槽等。这类工作,统称为铣螺旋槽。

铣床上铣螺旋槽与车螺纹的原理基本相同。铣削时,刀具做旋转运动;工件则一方面随工作台做匀速直线移动,同时又被分度头带动做等速旋转运动。要铣削出一定导程的螺旋槽必须保证当工件纵向进给一个导程时,工件刚好转过一圈。这一点可通过丝杠和分度头之间的配换挂轮来实现,如图 3.3.22 所示。

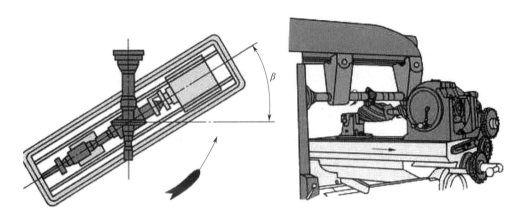

图 3.3.22　铣螺旋槽

第四节　典型铣削考核件工艺举例

一、四棱柱形工件的加工

工件的零件图样如图 3.3.23(a)所示,其由平行面和垂直面组成。选用毛坯为如图 3.3.23(b)所示的铸铁件,加工后各表面粗糙度 Ra 要求为 3.2 μm,各相邻表面互相垂直,相对表面平行,并有一定的尺寸精度要求。工件以 A 面为基准面,其铣削加工数量为 5 件。工件各边毛坯余量为 5 mm。

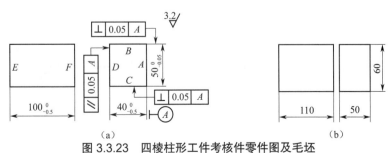

图 3.3.23　四棱柱形工件考核件零件图及毛坯

(a)零件图　(b)毛坯

铣削步骤如下。

（1）工件装夹找正。用机用平口老虎钳装夹工件，使老虎钳底面与工作台面紧密贴合，并使固定钳口与工作台进给方向一致。

（2）选择并安装铣刀。选用规格为 $\phi 80\ mm \times 80\ mm$ 的高速钢粗齿圆柱铣刀。

（3）选择铣削用量。根据表面粗糙度的要求，一次铣去全部余量而达到 $Ra=3.2\ \mu m$ 比较困难，因此应采用粗铣和精铣两次完成。

①侧吃刀量：粗铣时为 4～4.5 mm；精铣时为 0.5～0.1 mm。

②每齿进给量：粗铣时为 0.01 mm/z；精铣时为 0.05 mm/z。

③铣削速度：由于工件为铸铁件，因此其铣削速度应为 16～20 m/min，即主轴转速为 75 r/min 左右。

（4）试切铣削。在铣平面时，先试铣一刀，然后测量铣削平面与基准面的尺寸和平行度，以及与侧面的垂直度。

（5）铣削操作。四棱柱形工件铣削工艺卡片见表 3.3.1。

表 3.3.1　四棱柱形工件铣削工艺卡片

序号	工步名称	内容	加工简图	备注
1	铣 A 面	工件以 B 面为粗基准，并靠向固定钳口，在老虎钳导轨上垫平行垫铁，在活动钳口处放置圆棒，加工基准面 A，要求 A 面有较好的平面度和表面粗糙度		
2	铣 B、C 面	以 A 面为定位基准面铣削 B、C 面。铣削时，将 A 面与固定钳口贴紧，在机用老虎钳导轨面上放置圆棒夹紧工件		
3	铣 D 面	将各表面擦干净，使 A 面与老虎钳导轨上的平行铁贴紧，并保证定位基准面与铣床工作台台面的平行度。装夹使用铜棒或木槌轻敲工件 D 面，以使 A 面与垫铁贴合良好。在铣削 C、D 面时，应保证其与相对面的尺寸公差，尤其精铣时更应重视		
4	铣 E 面	将工件 A 面与固定钳口贴合，轻轻夹紧工件，然后用直角尺找正 B 面，夹紧工件，进行铣削		

序号	工步名称	内容	加工简图	备注
5	铣 F 面	装夹方法和注意问题与铣正面相同,此外,还要保证 E、F 面间的尺寸精度		
6	检验	以 A 面为基准,其相邻的 B、C 两面与 A 面的垂直度误差应控制在 0.05 mm 以内。 以 A 面为基准,与其平行的 D 面之间的平行度误差应控制在 0.05 mm 以内 各相对表面间的尺寸精度。 各表面的表面粗糙度 Ra 应在 3.2 μm 以内		

二、T 形槽的加工

T 形槽零件铣削如图 3.3.24 所示,从零件图样可知,零件的外形尺寸为 8 mm×60 mm×70 mm,T 形槽的总深度为 36 mm,直角沟槽的宽度为 18 mm,T 形槽槽底尺寸为宽 32 mm、高 14 mm,T 形槽对零件中心线的对称度偏差不大于 0.15 mm,槽口倒角尺寸为 C1.6,零件各表面的粗糙度 Ra 要求为 6.3 μm。

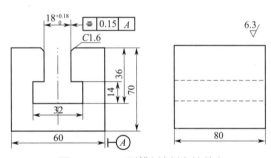

图 3.3.22 T 型槽(铣削考核件)

T 形槽铣削工艺卡片见表 3.3.2。

表 3.3.2 T 形槽铣削工艺卡片

序号	工步名称	内容	简图	备注
1	划线	在毛坯上画出粗铣零件各表面轮廓线以及对称槽宽度		

143

序号	工步名称	内容	简图	备注
2	直角沟槽铣削	（1）工件装夹找正。将机用老虎钳安放在铣床工作台上，再将工件装夹在老虎钳内，找正工件与铣床工作面平行。 （2）选用 $\phi18$ mm 的立铣刀或键槽铣刀并安装。 （3）铣削用量的选用。主轴转速 $n = 250$ r/min，进给速度 $v_f = 30$ mm/min。 （4）铣刀位置的调整。根据对称槽宽度线的位置，将铣刀调整到正确的铣削位置，紧固横向工作台的位置。 （5）吃刀量的调整。本工序应分两次进给完成，首先铣出 22 mm，然后在此基础上使操纵工作台垂向上升铣出 14 mm		
3	T 形槽铣削	（1）选择并安装铣刀。根据图样所示的 T 形槽的尺寸，选用直径 $D = 32$ mm、宽度 $L = 14$ mm、直柄尺寸与直角沟槽宽度（18 mm）相等的直柄铣刀。 （2）铣削用量的选用。主轴转速 $n = 118$ r/min，进给速度 $v_f = 23.5$ mm/min。 （3）吃刀量的调整。因直角沟槽铣削完成后，横向进给工作台紧固未动，故不需要对刀。此时只需要根据图样所示的尺寸，调整吃刀量即可进行铣削。铣削开始先用手动进给，待铣刀有一半以上切入工件后，改为机动进给		
4	槽口倒角	（1）选择并安装铣刀。根据图样所示槽口的尺寸，选用直径 $D = 25$ mm、角度为 $45°$ 的反燕尾槽铣刀。 （2）铣削用量的选用。主轴转速 $n = 235$ r/min，进给速度 $v_f = 47.5$ mm/min。 （3）吃刀量的调整。因横向进给工作台紧固未动，故仍不需要对刀。此时只需要根据图样所示的尺寸，适当加大进给速度并调整吃刀量进行铣削		
5	去毛刺	对各棱角用小锉去毛刺		
6	检测	按照零件图技术要求及尺寸精度检验		

第四章　刨削

实训及基本要求：

（1）了解刨削加工的基本知识；

（2）了解牛头刨床的组成、熟悉牛头刨床的调整；

（3）了解刨刀的结构特点及装夹方法；

（4）掌握在牛头刨床上刨水平面、垂直面、斜面及沟槽的操作方法；

（5）了解拉削加工的特点及应用；

（6）掌握刨削加工工序的制定。

刨工实训安全技术要求：

（1）工作时要穿好工作服，长发压入帽内，以防发生人身危险；

（2）多人共用一台刨床，只能一人操作，严禁两人同时操作；

（3）工作台和滑枕的调整不能超过极限位置，以防发生人身和设备事故；

（4）开动刨床后，滑枕前禁止站人，以防发生人身危险。

第一节　刨削加工概述

用刨刀对工件做水平直线往复运动的切削加工称为刨削。刨床主要用来加工零件上的平面（水平面、垂直面、斜面等）、各种沟槽（直槽、T 形槽、V 形槽、燕尾槽等）及直线形曲面。刨削加工零件尺寸精度可达到 IT9 ~ IT8，表面粗糙度 Ra 可达 3.2 ~ 1.6 μm，与铣削、车削达到的精度差不多。

刨削的基本工作范围如图 3.4.1 所示，加工的典型零件如图 3.4.2 所示。

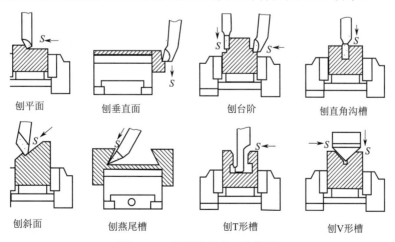

刨平面　　　刨垂直面　　　刨台阶　　　刨直角沟槽

刨斜面　　　刨燕尾槽　　　刨T形槽　　　刨V形槽

图 3.4.1　刨削的基本工作范围

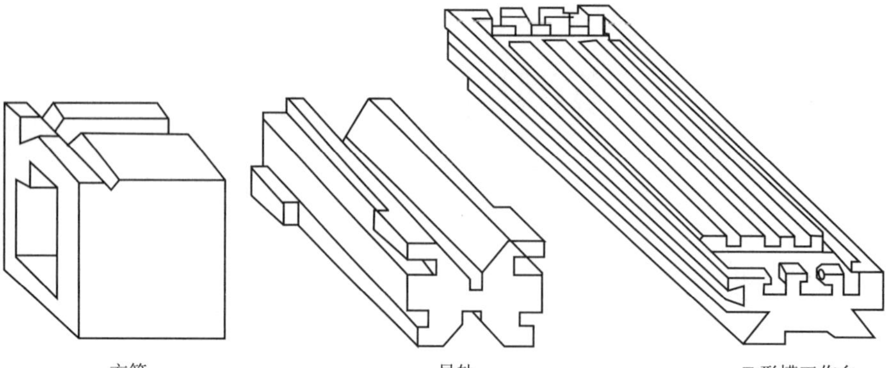

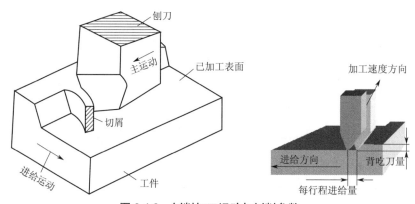

图 3.4.2 刨削加工的典型零件

方箱　　　　　导轨　　　　　T 形槽工作台

在牛头刨床上刨水平面时,刀具的直线往复运动为主运动,工件的间歇移动为进给运动,此时的切削量如图 3.4.3 所示。刨削参数包括刨削速度、进给量和背吃刀量。

图 3.4.3 刨削加工运动与刨削参数

(1)刨削速度 $v_c = \dfrac{2Ln}{1\,000 \times 60}$，$v_c$ 是指主运动的平均速度,单位为 m/s。

(2)进给量 f 是指主运动往复运动一次工件沿进给方向移动的距离,单位为 mm/str。

(3)背吃刀量 a_p 是工件已加工表面和待加工表面之间的垂直距离,单位为 mm。

由于刨削的切削速度低,并且只是单刃切削,返回行程又不工作,所以除刨削狭长平面(如床身导轨面)外,生产效率均较低。但因刨削使用的刀具简单,加工调整方便、灵活,故广泛用于单件生产、修配及狭长平面的加工。

第二节　牛头刨床

牛头刨床是刨削类机床中应用较广的一种。它适于刨削长度不超过 1 000 mm 的中、小型工件。下面以 B6065(旧编号为 B665)型牛头刨床为例进行介绍。

一、牛头刨床的编号及组成

B6065 型牛头刨床如图 3.4.4 所示。编号 B6065 中，"B"表示刨床类；"60"表示牛头刨床；"65"表示刨削工件的最大长度的 1/10，即最大刨削长度为 650 mm。

牛头刨床主要由床身、滑枕、刀架、工作台、横梁、底座等部分组成。

（1）床身。它用于支承和连接刨床的各部件。其顶面导轨供滑枕往复运动用，侧面导轨供工作台升降用。床身的内部装有传动机构。

（2）滑枕。它主要用来带动刨刀做直线往复运动（即主运动），其前端装有刀架。

（3）刀架。它用于夹持刨刀。摇动刀架手柄时，滑板便可沿转盘上的导轨带动刨刀上下移动。松开转盘上的螺母，将转盘扳转一定角度后，可使刀架斜向进给。滑板上还装有可偏转的刀座（又称刀盒、刀箱）。刀座上装有抬刀板，刨刀随刀夹安装在抬刀板上，在刨刀的返回行程，刨刀随抬刀板绕 A 轴向上抬起，以减少刨刀与工件的摩擦。

（4）工作台。它用于安装工件，可随横梁做上下调整，并可沿横梁做水平方向移动或做进给运动。

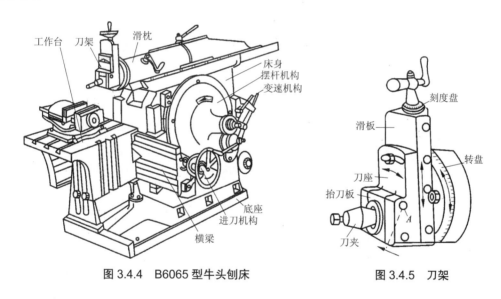

图 3.4.4　B6065 型牛头刨床　　　　　图 3.4.5　刀架

二、牛头刨床传动系统

（一）摇臂机构

摇臂机构是牛头刨床的主运动机构。其作用是将电动机的选择运动变为滑枕的直线往复运动，带动刨刀进行刨削。在图 3.4.6 中，齿轮 1 带动摇臂齿轮转动，固定在摇臂上的滑块可在摆杆的槽内滑动并带动摇臂前后摆动，从而带动滑枕做直线往复运动。

（二）进给机构

工作台安装在横梁的水平导轨上，用来安装工件。依靠进给机构（棘轮机构），工作台可在水平方向做自动间歇进给。在图 3.4.6 中，齿轮 2 与摇臂齿轮同轴旋转，齿轮 2 带动齿轮 3 转动，使固定于偏心槽内的连杆摆动拨杆，拨动棘轮，实现工作台横向进给。

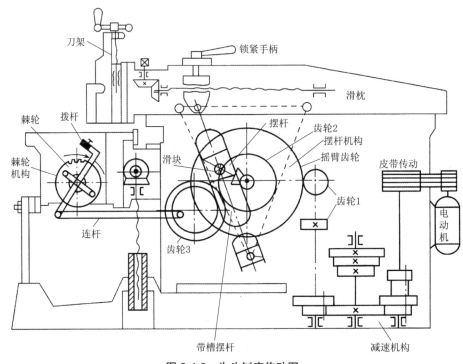

图 3.4.6　牛头刨床传动图

（三）减速机构

电动机转速，通过皮带、滑移齿轮摇臂齿轮减速，如图 3.4.7 所示。

三、牛头刨床的调整

（一）主运动的调整

刨削时的主运动应根据工件的尺寸大小和加工要求进行调整。

1. 滑枕每分钟往返次数的调整

调整方法:将变速手柄置于不同位置，即可改变变速箱中滑动齿轮的位置，可使滑枕获得 12.5 ~ 73 str/min 六种不同的双行程数, 如图 3.4. 所示。

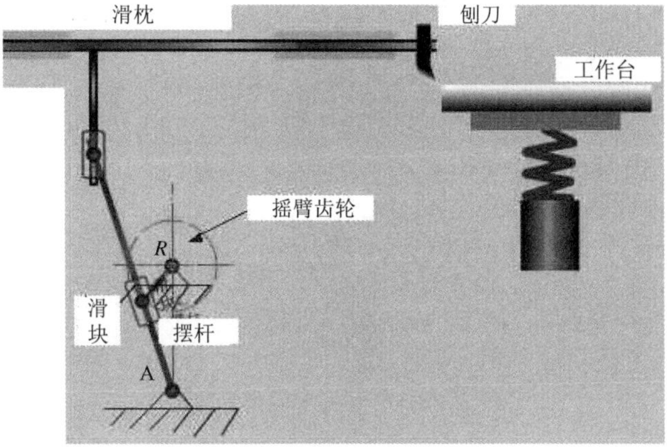

图 3.4.7　刨床摇臂机构示意图

2. 滑枕起始位置调整

调整要求：滑枕起始位置应和工作台上工件的装夹位置相适应。

调整方法：先松开滑枕上的锁紧手柄，用方孔摇把转动滑枕上调节锥齿轮 A、B 上面的调整方榫，通过滑枕内的锥齿轮使丝杠转动，带动滑枕向前或向后移动，改变起始位置，调好后，扳紧锁紧手柄即可，如图 3.4.6 所示。

3. 滑枕行程长度的调整

调整要求：滑枕行程长度应略大于工件加工表面的刨削长度。

调整方法：转动方头轴的螺母，通过一对锥齿轮相互啮合运动使丝杠转动，带动滑块向摆杆齿轮中心内外移动，使摆杆摆动角度减小或增大，调整滑枕行程长度，最后锁紧，如图 3.4.8 所示。

（二）进给运动的调整

刨削时，应根据工件的加工要求调整进给量和进给方向。

1. 横向进给量的调整

进给量是指滑枕往复一次时，工作台的水平移动量。进给量的大小取决于滑枕往复一次时棘轮爪能拨动的棘轮齿数。调整棘轮护盖的位置，可改变棘爪拨过的棘轮齿数，即可调整横向进给量的大小。

2. 横向进给方向的变换

进给方向即工作台水平移动方向。将图 3.4.9 中棘轮爪转动 180°，即可使棘轮爪的斜面与原来反向，棘爪拨动棘轮的方向相反，使工作台移动换向。

149

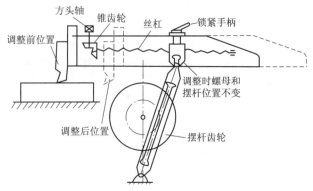

图 3.4.8　行程长度调整示意图

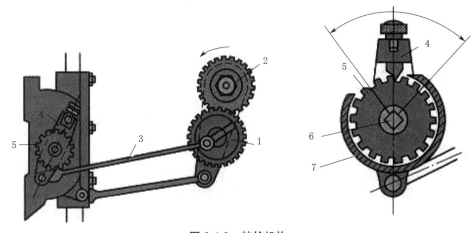

图 3.4.9　棘轮机构

1—齿轮 3；2—齿轮 2；3—连杆；4—棘爪；5—棘轮；6—丝杆；7—棘轮护盖

第三节　其他刨削机床

在刨削类机床中，除了牛头刨床外，还有龙门刨床、插床和拉床等。

一、龙门刨床

龙门刨床因有一个"龙门"式的框架结构而得名。B2010A 型龙门刨床如图 3.4.10 所示。在编号 B2010A 中，"B"表示刨床类；"20"表示龙门刨床；"10"表示最大刨削宽度的 1/100（和牛头刨床不同），即最大刨削宽度为 1 000 mm；"A"表示机床结构经过一次重大改进。

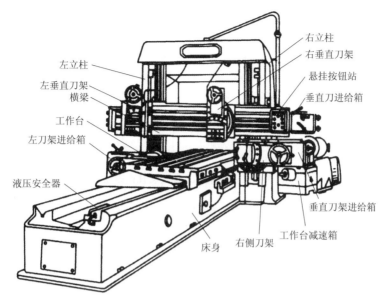

左立柱
左垂直刀架
横梁
工作台
左刀架进给箱
液压安全器
床身
右侧刀架

右立柱
右垂直刀架
悬挂按钮站
垂直刀进给箱
垂直刀架进给箱
工作台减速箱

图 3.4.10　B2010A 型龙门刨床

龙门刨床主要由床身、立柱、横梁、工作台、两个垂直刀架、两个侧刀架等组成。

加工时,工件装在工作台上,工作台沿床身导轨做的直线往复运动为主运动。

横梁上的垂直刀架和立柱上的侧刀架都做垂直或水平的间歇进给。垂直刀架还可转动一定的角度,以加工斜面,横梁可沿立柱上下移动,以适应不同高度表面的加工。

龙门刨床上有一套复杂的电气控制系统,以方便龙门刨床的各种操作和调整。

工作台的运动可实现无级变速,以防止切入时冲击刨刀。

龙门刨床主要用于加工大型零件上的大平面或长而窄的平面,也常用于同时加工多个中小型零件的平面。

二、插床

插床又称立式刨床,其滑枕是竖直放置的。B5020 型插床如图 3.4.10 所示。在编号 B5020 中,"B"表示刨床类;"50"表示插床;"20"表示最大插削长度的 1/10,即最大插削长度为 200 mm。

插削加工时,插刀安装在滑枕的下面。它的结构原理与牛头刨床属于同一类型,只是在结构形式上略有区别,犹如滑枕垂直安装的牛头刨床。其主运动为滑枕的上下往复直线运动,进给运动为工作台带动工件做纵向、横向或圆周方向的间歇进给。工作台由下滑座、上滑座及圆形工作台

滑枕
立柱
圆形工作台
上滑座
下滑座
床身

图 3.4.11　B5020 型插床

三部分组成。下滑座可做横向进给,上滑板可做纵向进给,圆形工作台可带动工件回转。

插床的主要用途是加工工件的内部表面,如方孔、长方孔、各种多边形孔和孔内键槽等。

在插床上插削方孔和孔内键槽的方法如图 3.4.12 所示。

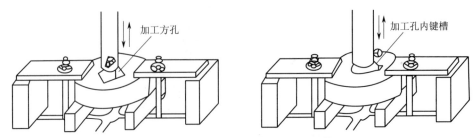

图 3.4.12　插床加工方孔及孔内键槽

插刀刀轴和滑枕运动方向重合,刀具受力状态较好,所以插刀刚性较好,可以做的小一点,因此可以伸入孔内进行加工。

插床上多用三爪自定心卡盘、四爪单动卡盘和插床分度头等安装工件,亦可用平口钳和压板螺栓安装工件。

在插床上加工孔内表面时,刀具须进入工件的孔内进行插削,因此工件的加工部分必须事先有孔。如果工件原来无孔,就必须先钻一个足够大的孔,才能进行插削加工。

插床与刨床一样,生产效率低,而且要有较熟练的技术工人,才能加工出要求较高的零件,所以插床多用于工具车间、修理车间及单件小批生产的车间,主要用于单件、小批量生产中加工直线型的内成型面,如方孔、长方孔、各种多边形孔及孔内键槽等。

三、拉床

拉床结构简单,拉削加工核心是拉刀。图 3.4.12 是平面拉刀局部加工示意图。可以看出,拉削从性质上看近似刨削。拉削时拉刀的直线移动为主运动,进给运动则是靠拉刀的结构来完成的。拉刀的切削部分由一系列的刀齿组成,这些刀齿由前到后逐一增高地排列。当拉刀相对工件做直线移动时,拉刀上的刀齿逐齿依次从工件上切下很薄的切削层。当全部刀齿通过工件后,即完成了工件的加工。

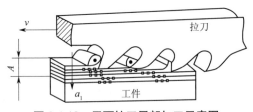

图 3.4.12　平面拉刀局部加工示意图

拉削加工有,如下优点。

(1)生产率高。

(2)加工精度高,表面粗糙度小。如图 3.4.14 所示,拉刀具有校准部分,可以校准尺寸,修光表面,因此拉削加工精度很高,粗糙度较小。

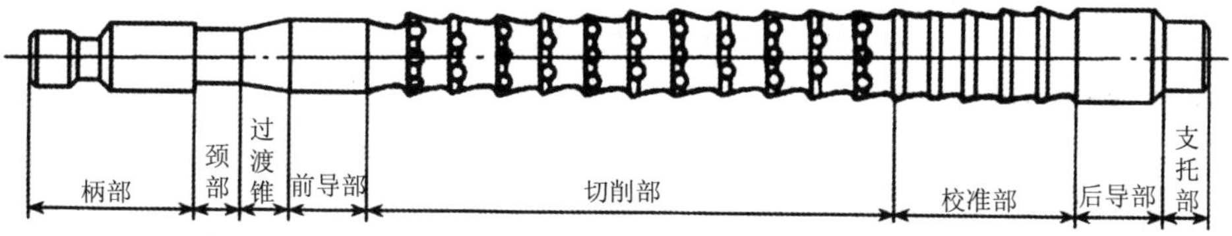

图 3.4.14　圆孔拉刀结构

柄部　颈部　过渡锥　前导部　切削部　校准部　后导部　支托部

（3）加工范围广。有什么截面的拉刀就可以加工什么样的表面。图拉刀可以加工的各种典型表面如图 3.4.15 所示。

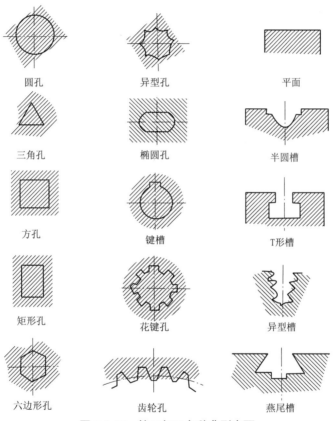

圆孔　　　　　异型孔　　　　　平面

三角孔　　　　椭圆孔　　　　　半圆槽

方孔　　　　　键槽　　　　　　T形槽

矩形孔　　　　花键孔　　　　　异型槽

六边形孔　　　齿轮孔　　　　　燕尾槽

图 3.4.15　拉刀加工各种典型表面

153

（4）拉床结构和操作简单。

拉削的缺点是拉刀价格昂贵。所以，拉削加工主要适用于成批大量生产，尤其适用于大量生产中加工比较大的复合面，单件小批生产一般不用。但是，拉削不能加工盲孔、深孔、阶梯孔以及有障碍的外表面。

第四节　刨削加工

一、刨刀及其安装

(一)刨刀的结构特点及常用刨刀

刨刀的几何参数与车刀相似,但刀杆的横截面积比车刀大,以承受较大的冲击力。按加工形式和用途的不同,常用刨刀有如图 3.4.16 所示的 6 种。

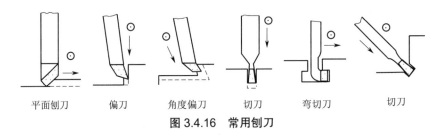

| 平面刨刀 | 偏刀 | 角度偏刀 | 切刀 | 弯切刀 | 切刀 |

图 3.4.16　常用刨刀

(二)刨刀的安装和调整

刨刀安装正确与否直接影响工件加工质量。

安装时将转盘对准零线,以便准确控制吃刀深度。刀架下端与转盘底部基本对齐,以增加刀架的刚度。直刨刀的伸出长度一般为刀杆厚度的 1.5~2 倍。刨刀安装方法如图 3.4.17 所示。

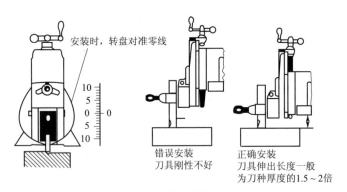

安装时,转盘对准零线

错误安装
刀具刚性不好

正确安装
刀具伸出长度一般
为刀种厚度的1.5~2倍

图 3.4.17　刨刀安装方法

二、工件安装

(一)平口钳安装

平口钳是一种通用夹具,经常用来安装小型工件。使用时先把平口钳的钳口找正并固定在工作台上,然后再安装工件,常用按划线找正安装,如图 3.4.18 所示。

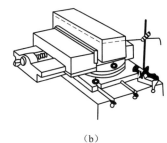

（a） （b）

图 3.4.18 平口钳安装工件

(a)用垫铁垫高工件 (b)按划线找正安装

注意事项如下。

(1)工件的被加工面要高于钳口,如果工件的高度不够,应用平行垫铁将工件垫高。

(2)为了保护钳口和已加工表面,安装工件时往往需要在钳口处垫上铜皮或铝皮。

(3)装夹工件时,应用手锤轻轻敲击工件,使工件贴合垫铁。在敲击已加工过的表面时,应用铜锤或木槌。

（二）压板螺栓安装

有些工件较大或形状特殊,需要用压板螺栓和垫铁把工件直接固定在工作台上进行刨削。安装时先把工件找正,具体安装方法如图 3.4.19 所示。

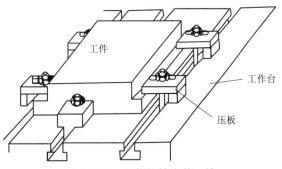

图 3.4.19 压板螺栓安装工件

注意:压板的位置要安排得当,压点要靠近刨削面,压紧力大小要合适。粗加工时,压紧力要大,以防切削中工件移动;精加工时,压紧力要合适,注意防止工件变形。各种压紧方法的正、误比较如图 3.4.20 所示。

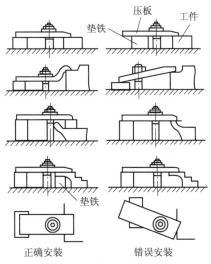

正确安装 错误安装

图 3.4.20 压板螺栓安装的正确使用

155

（1）工件如果放在垫铁上，要检查工件与垫铁是否贴紧。若没有贴紧，必须垫上纸或铜皮，直到贴紧为止。

（2）压板必须压在垫铁处，以免工件因受夹紧力而变形。

（3）装夹薄壁工件，可在其空心处用活动支撑或千斤顶等，以增加刚度，防止变形，如图3.4.21所示。

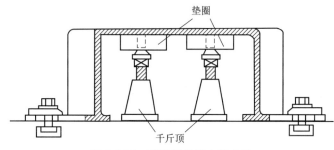

图 3.4.21　薄壁零件的安装方法

（三）夹具安装

对于特殊工件，可以借助简单夹具进行安装，如图3.4.22和图3.4.23所示。

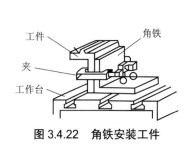

图 3.4.22　角铁安装工件

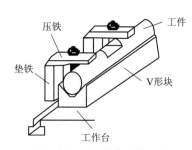

图 3.4.23　V 形块安装工件

三、刨削工作

（一）刨水平面

刨水平面是最基本的一种刨削加工，其操作步骤如下。

（1）装夹工件。选择适当的方法装夹好工件。

（2）安装刨刀。粗刨时用尖头的平面刨刀，精刨时用圆头的平面刨刀，刀头伸出要短。

（3）调整机床。根据工件表面长度和安装位置，调整牛头刨床滑枕的行程长度及位置。

（4）选择合适的切削用量。根据工件的加工余量，背吃刀量应尽可能使工件在两次或三次走刀后就达到图样要求的尺寸。切削速度和进给量应根据工件材料的硬度、精度及刀具材料等因素确定。

（5）试刨。刨削 2～3 mm，然后进行测量和调整，合适后方可开始刨削。

（二）刨垂直面

刨垂直面如图 3.4.24 所示，其操作步骤如下。

（1）将刀架转盘刻度线对准零线，以保证垂直进给方向与工作台台面垂直。

（2）将刀座下端向工件加工面偏转一定的角度（一般为 10°～15°），以便刨刀在回程时能抬离工件的加工面，以减少刨刀的磨损并避免划伤已加工表面。

（3）摇动刀架进给手柄，使刀架做垂直进给进行刨削。

（三）刨斜面

刨斜面的方法有很多种，最常用的是正夹斜刨，如图 3.4.25 所示，其操作步骤如下。

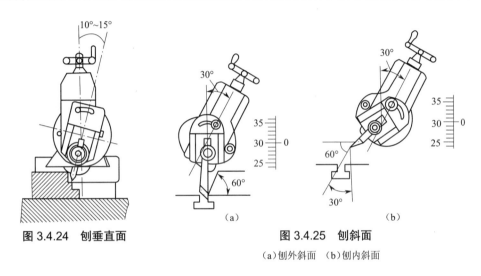

图 3.4.24　刨垂直面

图 3.4.25　刨斜面

（a）刨外斜面　（b）刨内斜面

（1）扳转刀架，使刀架转盘转过的角度与工件待加工斜面的角度一致。

（2）将刀座下端向工件加工面偏转一定的角度（一般为 10°～15°）。

（3）摇动刀架进给手柄，从上到下沿倾斜方向进给进行刨削。

（四）刨截面为矩形的四棱柱型工件

安装方法参见本篇第三章第四节典型铣削考核件工艺举例，安装好后的具体操作步骤与刨平面加工相同。

（五）刨 T 形槽

刨 T 形槽在加工 T 形槽之前，应保证材料表面已进行粗加工，定位基准已经加工出来。其具体加工步骤如下。

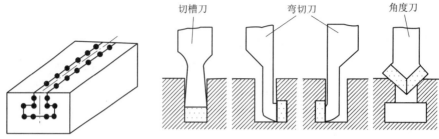

图 3.4.26　T 形槽划线及刨削

（1）在工件上划线，划出槽形状的加工线。

（2）安装好后，用切槽刀刨直槽，保证其宽度为 T 形槽口宽度，深度为 T 形槽深度。

（3）换弯切刀加工左右凹槽；

（4）用角度刀，对槽口进行倒角。

（六）刨燕尾槽

燕尾槽在机械导轨部位应用较广，外形是两个对称的内斜面。其刨削方法是先刨削直槽，后刨削两个内斜面，需要专门的燕尾槽刨刀（包括一左偏刀，一个右偏刀）。在零件其他表面已完成加工后，燕尾槽的加工工艺如图 3.4.27 所示。

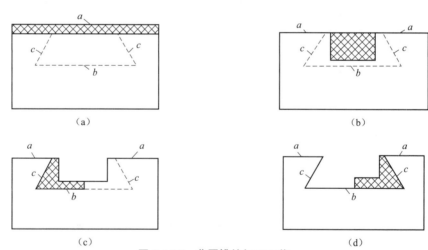

图 3.4.27　燕尾槽的加工工艺

（a）划线及刨削顶面　（b）刨直槽　（c）刨左燕尾槽及部分槽底平面　（d）刨右燕尾槽及部分槽底平面

第五章　磨削

实训目的及要求：

（1）了解磨削加工的工艺特点及加工范围；

（2）了解磨床的种类及用途，掌握外圆磨床和平面磨床的操作方法；

（3）了解砂轮的特性、选择和使用方法；

（4）掌握在外圆磨床和平面磨床上正确装夹工件的方法，完成磨外圆和磨平面的加工。

磨工实训安全技术要求与车工实习安全技术有许多相同之处，可参照执行，在操作过程中更应注意以下几点：

（1）操作者必须戴工作帽，长发压入帽内，以防发生人身危险；

（2）多人共用一台磨床时，只能一人操作，并注意他人安全；

（3）砂轮是在高速旋转下工作的，禁止面对砂轮站立；

（4）砂轮启动后，必须慢慢引向工件，严禁突然接触工件，背吃刀量也不能过大，以防背向力过大将工件顶飞而发生事故；

（5）用磁盘时应尽量吸大面积，必要时加垫铁，用垫铁要合适。启动时间为 1～2 min，工件吸牢后才能工作。

第一节　磨削加工概述

用砂轮对工件表面进行切削加工的方法称为磨削加工。它是零件精加工手段，加工精度可达 IT5～IT6，加工表面粗糙度 Ra 一般为 0.8～1.0 μm。

由于磨削的速度很高，产生大量的切削热，其温度高达 800～1 000 ℃。这样的高温，会使工件材料的性能发生改变从而影响质量。为了减小摩擦和散热，在磨削时常使用大量的切削液来降低磨削温度，及时冲走磨屑以保证工件的表面质量。

砂轮磨料的硬度很高，除了可以加工一般的金属材料，如碳钢、铸铁外，还可以加工一般刀具难以切削的硬度很高的材料，如淬火钢、硬质合金等。

磨削主要用于对零件的内外圆柱面、内外圆锥面、平面和成型表面（如螺纹、齿形、花键等）的精加工，如图 3.5.1 所示。

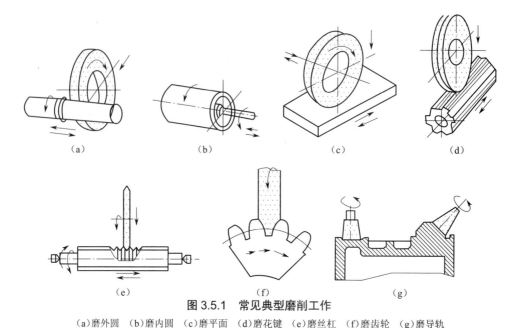

图 3.5.1　常见典型磨削工作

(a)磨外圆　(b)磨内圆　(c)磨平面　(d)磨花键　(e)磨丝杠　(f)磨齿轮　(g)磨导轨

磨削时砂轮的旋转运动称为主运动,其他都称进给运动,进给运动最多可有三个。下面这四个运动参数都为磨削用量三要素。

(1)砂轮圆周线速度 v_s:表示磨削时主运动的速度,为单位 m/s,即

$$\upsilon_s = \pi d_s n_s / (1\,000 \times 60)$$

式中　d_s——砂轮直径(mm);

　　　n_s——砂轮转速,r/min。

(2)工件圆周线速度 v_W 它表示工件圆周进给速度,单位为 m/s。

$$v_W = \pi d_W n_W / (1\,000 \times 60)$$

式中　d_W——工件直径,mm;

　　　n_W——工件转速,r/min。

(3)纵向进给量 f_a 是工件相对于砂轮沿轴向的移动量,单位为 mm/r。

(4)径向进给量 f_r 是工件相对于砂轮沿径向的移动量,又称磨削深度 a_p,单位为。

磨削时可采用砂轮、油石、砂带、砂瓦等磨具进行加工,通常使用砂轮。砂轮是由许多细小而且极硬的磨粒用结合剂黏结而成的。将砂轮表面放大,可以看到在砂轮表面上杂乱地布满很多尖棱多角的颗粒,即磨粒。这些锋利的磨粒就像刀刃一样。在砂轮的高速旋转下切入工件表面,所以磨削的实质就是一种多刃多刀的高速切削过程。

磨削加工与其他切削加工方法(如车削、铣削、刨削等)比较,具有以下特点。

(1)加工精度高,表面粗糙度小。磨削加工属于微刃切削,切削厚度极薄,每一磨粒切削厚度仅为数微米,故可获得很高的加工精度和很低的表面粗糙度。

(2)加工范围广。由于磨粒的硬度极高,所以磨削加工不但可以加工未淬火钢、灰铸铁等软材料,还可以加工淬火钢、各种切削刀具、硬质合金、陶瓷、玻璃等硬度很高或硬度极高

的材料。

（3）磨削速度大，磨削温度高。一般磨削时，砂轮线速度为 $30 \sim 35$ m/s；高速磨削时线速度可达 $50 \sim 100$ m/s。故磨削过程中工件温度会很高，磨削点瞬间温度可达 $1\,000\,℃$。为了避免工件表面性质发生改变，加工中必须大量加注切削液。

（4）磨削加工切深抗力（径向力）较大，易使工件发生变形，影响加工精度。车削或磨削细长轴，因为工件用顶尖安装后，中间刚性较差，砂轮的径向力使工件弯曲并向后缩，致使中间实际切削深度较小，两端刚性较大，受径向力影响较小，实际切削深度较大，但恢复变形后，工件变成腰鼓形，如图 3.5.2 所示。该问题可以通过技术手段解决，如在精磨或最后光磨时，以小的或零切削深度加工来切除零件因变形产生的弹性恢复量，保障零件外形精度。

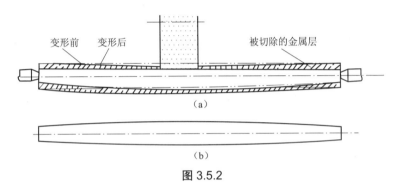

图 3.5.2
（a）加工中大的径向力使工件变形 （b）加工后工件恢复变形产生误差

磨削加工是机械制造中重要的加工工艺，广泛应用于各种零件的精密加工中。随着精密加工工艺的发展以及磨削技术自身的进步，磨削加工在机械加工中的比重日益增加。

第二节 磨床

磨床的种类很多，常见的有外圆磨床、内圆磨床和平面磨床等。

一、外圆磨床

外圆磨床分为无心外圆磨床、普通外圆磨床和万能外圆磨床。其中，无心外圆磨床可磨小型外圆柱面；普通外圆磨床可磨工件的外圆柱面和圆锥面；万能外圆磨床既可以磨削外圆柱面和圆锥面，又可以磨削圆柱孔和圆锥孔。

M1420 型万能外圆磨床如图 3.5.3 所示。其型号中，"M"表示磨床类；"1"表示外圆磨床；"4"表示万能外圆磨床；"20"表示最大磨削直径的 1/10，即最大磨削直径为 200 mm。M1420 型万能外圆磨床主要由床身、工作台、工件头架、尾架、砂轮架和砂轮整修器等部分组成，其各部分的主要作用如下。

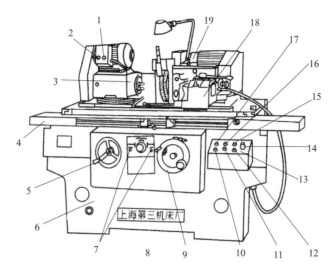

图 3.5.3　M1420 型万能外圆磨床

1— 工件转动变速旋钮；2—工件转动点动按钮；3—工作头架；4—工作台；5—工作台手动手轮；6—床身；
7—工作台左、右端停留时间调整旋钮；8—工作台自动及无级调速旋钮；9—砂轮横向手动手轮；10—砂轮启动按钮；
11—砂轮引进、工件转动、切削液泵启动按钮；12—液压油泵启动按钮；13—电器操纵板；14—砂轮变速旋钮；
15—液压油泵停止按钮；16—砂轮退出、工件停转、切削液停止按钮；17—总停按钮；18—尾架；19—砂轮架

（1）床身。床身用于支撑和连接磨床各个部件，内部装有液压系统，上部有纵向和横向两组导轨以安装工作台和砂轮架。床身是一个箱形结构的铸件，床身前部作油池用，电器设备置于床身的右后部，油泵装置装在床身后部的壁上。床身前面及后面各铸有两圆孔，供搬运机床时插入钢钩用。床身底面有三个支承螺钉，作调整机床的安装水平用。

（2）工作台。工作台主要由上台面与下台面组成。上台面能做顺时针 5°、逆时针 9°回转，用以调整工件锥度。当上台面转动大于 6°时，砂轮架应相应转一定角度，以免尾架和砂轮架相碰。工作台的运动由油压缸驱动，动作平稳，低速无爬行。工作台的左右换向停留时间可以调整。

（3）头架。头架由头架箱和头架底板组成，头架箱可绕头架底板上的轴回转，回转的角度可以从刻度牌上读出。头架主轴的转速分六挡，通过电动机转速调整和变换三角带位置获得。头架可以安装三爪卡盘夹持工件磨削。

（4）尾架。尾架可装顶尖，为提高安装精度，磨床用顶尖一般是死顶尖，顶尖在加工时不做旋转运动，并配有手动及液压脚踏板控制进退，方便装卸工件。在磨削粗糙度要求不高的外圆工件时，金刚钻笔可装在尾架上进行砂轮修整。

（5）砂轮架的使用和调整。砂轮架上有一双出轴的电动机，它一端经多楔带与砂轮主轴连接，另一端经平皮带与内圆磨具主轴连接，但二者不能同时使用。砂轮架能回转，回转的角度可从刻度牌上读出，如要磨内圆，把内圆砂轮转到前面来即可。当磨内圆时，快进退功能不起作用，以避免意外事故，保护砂轮磨削的安全。

M1420 型圆磨床用于磨削圆柱形和圆锥形的外圆和内圆，也可磨削轴向端面，加工精度和磨削粗糙度达到了有关外圆磨床的精度标准。其工作台纵向移动有液动和手动两种操

作方式,砂轮架和头架可转动,头架主轴可转动,砂轮架可实现微量进给。液压系统采用了性能良好的齿轮泵,传动较少,适用于工具、机修车间及中小批量生产的车间使用。

二、无心外圆磨床

无心外圆磨床主要用于磨削大批量的细长轴及无中心孔的轴、套、销等零件,生产率高。无心外圆床如图 3.5.4 所示。其特点是工件不需要顶尖支承,而是由导轮、砂轮和托板支持(因此称为无心磨床)。砂轮用于磨削,导轮是用橡胶结合剂做成的,转速较砂轮低。工件在导轮摩擦力的带动下做旋转运动,同时由导轮轴线相对于工件轴线倾斜 1 ~ 4°,这样工件就能获得一轴线进给量。在无心磨床上磨削工件时,被磨削的加工面即为定位面,因此无心磨削外圆时工件无须打中心孔,磨削内圆时不必用夹头安装工件。无心磨削的圆度误差为 0.005 ~ 0.01 mm,工件表面粗糙度 Ra 为 0.1 ~ 0.25 μm。 $\upsilon_r\upsilon_\omega\upsilon_{fx}$

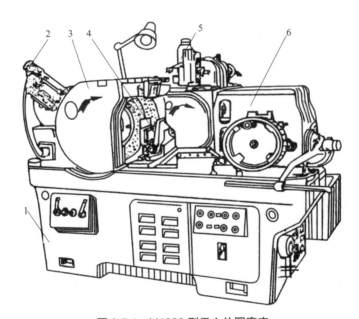

图 3.5.4 M1080 型无心外圆磨床

1—床身;2—磨削轮修整器;3—磨削轮架;4—工件支架;5—导轮修整器;6—导轮架

无心外圆磨床磨削的工作原理如图 3.5.5 所示。工件放在砂轮和导轮之间,由工件托板支承着。磨削时导轮、砂轮均沿顺时针方向转动,由于导轮材料摩擦系数较大,故工件在摩擦力带动下,以与导轮大体相同的低速旋转。无心磨削也分纵磨和横磨,纵磨时将导轮轴线与工件轴线倾斜一角度,此时导轮除带动工件旋转外,还带动工件做轴向进给运动。

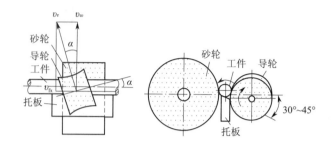

图 3.5.5　无心外圆磨工作原理

无心磨削的特点如下。

（1）生产率高。无心磨削时不必打中心孔或用夹具夹紧工件，生产辅助时间少，故效率大大降低，适合于大批量生产。

（2）工件运动稳定。磨削均匀性不仅与机床传动有关，还与工件形状、导轮和工件支架状态及磨削用量有关。

（3）外圆磨削易实现强力、高速和宽砂轮磨削；内圆磨削则适用于同轴度要求高的薄壁件磨削。

无心磨削的注意项事如下。

（1）开动磨床前，用手检查各种运动后，再按照一定顺序开启各部位开关，使磨床空转 10～20 min 后方可磨削，在启动砂轮时，切勿站在砂轮前面，以免砂轮偶然破裂飞出，造成事故。

（2）在行程中不可转换工件的转速，在磨削中不可使磨床长期过载，以免损坏零件。

三、内圆磨床

内圆磨床主要用于磨削内圆柱面、内圆锥面及端面等，其结构特点是砂轮主轴转速特别高，一般达 10 000～20 000 r/min，以适应磨削速度的要求。

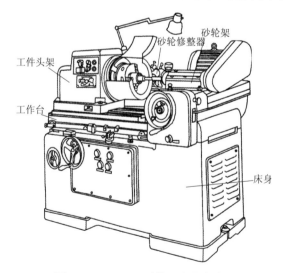

图 3.5.6　M2110 型普通内圆磨床

M2110 型普通内圆磨床如图 3.5.6 所示。其型号中"M"表示磨床类；"21"表示内圆磨床；"10"表示最大磨削直径为 100 mm。其主要由床身、工作台、工件头架、砂轮架和砂轮修整器等部分组成。

内圆磨削时，工件常用三爪自定心卡盘或四爪单动卡盘安装，长工件则用卡盘与中心架配合安装。磨削运动与外圆磨削基本相同，只是砂轮旋转方向与工件旋转方向相反。其磨削方法也分为纵磨法和横磨法，一般纵磨法应用较多。

与外圆磨削相比,内圆磨削的生产率很低,加工精度和表面质量较差,测量也较困难。

一般内圆磨削能达到的尺寸精度为 IT6～IT7,表面粗糙度 Ra 值 $0.8～0.2\ \mu m$。在磨锥孔时,头架须在水平面内偏转一个角度。

四、平面磨床

平面磨床的主轴分为立轴和卧轴两种,工作台也分为矩形和圆形两种。卧式矩台平面磨床如图 3.5.7 所示。它由床身、工作台、立柱、拖板、磨头等部件组成。与其他磨床不同的是工作台上装有电磁吸盘,用于直接吸住工件。

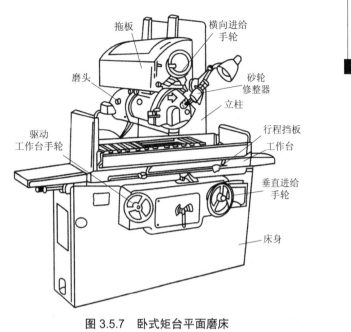

图 3.5.7　卧式矩台平面磨床

第三节　砂轮

一、砂轮的特性

砂轮结构如图 3.5.8 所示。它由磨粒、结合剂和气孔组成,亦称砂轮三要素。磨粒的种类和大小、结合剂的种类和多少以及结合强度决定了砂轮的主要性能。

为了方便使用,在砂轮的非工作面上标有砂轮的特性代号,按《围绕磨具　一般要求》(GB/T 2484—2018)规定其标志顺序及意义,包括形状、尺寸、磨料、粒度、硬度、组织、结合剂、最高工作线速度。例如,图 3.5.9 所示砂轮端面的代号 P400×50×203 A 60L V 35 表示形状代号为 P(平型)、外径 400 mm 厚度 50 mm 孔径 203 mm、磨料为棕刚玉(A)、粒度为 60、硬度为中软 2 级(L)、结合剂为陶瓷结合剂(V)、最高工作线速度为 35 m/s 的砂轮。

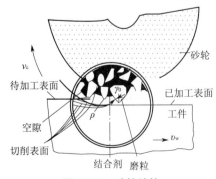

图 3.5.8　砂轮结构

图 3.5.9　砂轮特性代号

（一）磨粒

磨粒在磨削过程中担任切削工作,每一个磨粒都相当于一把刀具,承担切削工件。常见的磨粒有刚玉和碳化硅两种。其中,刚玉类磨粒适用于磨削钢料和一般刀具;碳化硅类磨粒适用于磨削铸铁和青铜等脆性材料以及硬质合金刀具等。

磨粒的大小用粒度表示,粒度号数越大颗粒越小。粗颗粒主要用于粗加工,细颗粒主要用于精加工。磨料粒度的选用见表3.5.1所示。

表 3.5.1　磨料粒度的选用

粒度号	颗粒尺寸范围 /(μm)	适用范围	粒度号	颗粒尺寸范围 /(μm)	适用范围
12~36	2 000~1 600 500~400	粗磨、荒磨、切断钢坯、打磨毛刺	W40~W20	40~28 20~14	精磨、超精磨、螺纹磨、珩磨
46~80	400~315 200~160	粗磨、半精磨、精磨	W14~W10	14~10 10~7	精磨、精细磨、超精磨、镜面磨
100~280	165~125 50~40	精磨、成型磨、刀具刃磨、珩磨	W7~W3.5	7~5 3.5~2.5	超精磨、镜面磨、制作研磨剂等

（二）结合剂

结合剂的作用是将磨粒黏结在一起,使砂轮具有各种形状、尺寸、强度和耐热性等。结合剂有陶瓷结合剂、树脂结合剂、橡胶结合剂和金属结合剂等,其中以陶瓷结合剂最为常见。

（三）硬度

硬度是指砂轮表面上的磨粒在磨削力作用下脱落的难易程度。磨粒容易脱落的砂轮硬度低,磨粒难脱落的砂轮硬度高。

砂轮的硬度主要根据工件的硬度来选择,砂轮硬度的选用原则是:工件材料硬,砂轮应选用软一些的,以便砂轮磨钝磨粒及时脱落,露出锋利的新磨粒继续正常磨削;工件材料软,因易于磨削,磨粒不易磨钝,砂轮应选硬一些。但对有色金属、橡胶、树脂等软材料进行磨削时,由于切屑容易堵塞砂轮,应选用较软砂轮。粗磨时,应选用较软砂轮;而精磨、成型磨削时,应选用硬一些的砂轮,以保持砂轮的必要形状精度。机械加工中常用砂轮硬度等级为H~N。

（四）组织

砂轮的组织指砂轮的磨粒和结合剂的疏密程度,反映了磨粒,结合剂,气孔之间的比例关系。砂轮有紧密、中等、疏松三种组织状态;细分成为15级0~14级别。组织号越小,磨粒所占比例越大,砂轮越紧密;反之,组织号越大,磨粒比例越小,砂轮越疏松。硬度低、韧性大的材料选择疏松一点的;精磨、成型模选择紧密的,淬火工件、刀具的磨削选择中等组织的。

（五）砂轮的种类

为了适应各种加工条件和不同类型的磨削结构,砂轮分为平形砂轮、单面凹形砂轮、薄片形砂轮、筒形砂轮、碗形砂轮、碟形砂轮、双斜边形砂轮和杯形砂轮等,如图 3.5.10 所示。

（1）平形砂轮：主要用于磨外圆、内圆和平面等。

（2）单面凹形砂轮：主要用于磨削内圆和平面等。

（3）薄片形砂轮：主要用于切断和开槽等。

（4）筒形砂轮：主要用于立轴端面磨。

（5）双斜边形砂轮：主要用于磨削齿轮和螺纹等。

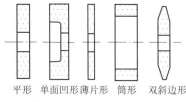

| 平形 | 单面凹形 | 薄片形 | 筒形 | 双斜边形 |

图 3.5.10　常见砂轮形状

二、砂轮的检查、安装和修整

（一）砂轮的安装

在磨床上安装砂轮应特别注意。因为砂轮在高速旋转条件下工作,使用前应仔细检查砂轮不允许有裂纹,而且安装必须牢靠,并应经过静平衡调整,以免造成人身和质量事故。

砂轮内圆与砂轮轴或法兰盘外圆之间,不能过紧,否则磨削时受热膨胀,易将砂轮胀裂,也不能过松,否则砂轮容易发生偏心,失去平衡,以致引起振动。一般配合间隙为 0.1～0.8 mm,高速砂轮间隙要小些。用法兰盘装夹砂轮时,两个法兰盘直径应相等,其外径应不小于砂轮外径的 1/3。在法兰盘与砂轮端面间应用厚纸板或耐油橡皮等作为衬垫,使压力均匀分布,螺母的拧紧力不能过大,否则砂轮会破裂。注意紧固螺纹的旋向,应与砂轮的旋向相反,即当砂轮逆时针旋转时,用右旋螺纹,这样砂轮在磨削力作用下,将带动螺母越旋越紧。

（二）砂轮的平衡

一般直径大于 125 mm 的砂轮都要进行平衡,使砂轮的重心与其旋转轴线重合。

不平衡的砂轮在高速旋转时会产生振动,影响加工质量和机床精度,严重时还会造成机损坏和砂轮碎裂。引起不平衡的原因主要是砂轮各部分密度不均匀,几何形状不对称以及安装偏心等。因此在安装砂轮之前要进行平衡,砂轮的平衡有静平衡和动平衡两种。一般情况下,只需做静平衡,但在高速磨削（速度大于 50 m/s）和高强度磨削时,必须进行动平衡。为砂轮静平衡装置如图 3.5.11 所示。 平衡时将砂轮装在平衡心轴上,然后把装好心轴的砂轮平放到平衡架的平衡导轨上,砂轮会做来回摆动,直至摆动停止。平衡的砂轮可以在任意位置都静止不动。如果砂轮不平衡,则其较重部分总是转到下面,这时可移动平衡块的位置使其达到平衡。平衡好的砂轮在安装至机床主轴前先要进行裂纹检查,有裂纹的砂轮绝对禁止使用。 安装时砂轮

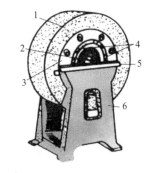

图 3.5.11　砂轮静平衡装置

1—砂轮；2—心轴；3—法兰盘；
4—平衡块；5—平衡轨道；6—平衡架

和法兰之间应垫上 0.5~1 mm 的弹性垫板。两法兰的直径必须相等,其尺寸一般为砂轮直径的一半。砂轮与砂轮轴或台阶法兰间应有一定间隙,以免主轴受热膨胀而把砂轮胀裂。

平衡砂轮的方法是在砂轮法兰盘的环形槽内装入几块平衡块,通过调整平衡块的位置使砂轮重心与它的回转轴线重合。

(三)砂轮的修整

在磨削过程中砂轮的磨粒在摩擦、挤压作用下,棱角会逐渐磨圆变钝,或者在磨韧性材料时,磨屑常常嵌塞在砂轮表面的孔隙中,使砂轮表面堵塞,最后使砂轮丧失切削能力。这时,砂轮与工件之间会发生打滑现象,并可能引起振动和出现噪声,使磨削效率下降,表面粗糙度变差。同时由于磨削力及磨削热的增加,会引起工件变形和影响磨削精度,严重时还会使磨削表面出现烧伤和细小裂纹。此外,由于砂轮硬度的不均匀及磨粒工作条件的不同,使砂轮工作表面磨损不均匀,各部位磨粒脱落多少不等,致使砂轮丧失外形精度,影响工件表面的形状精度及粗糙度。凡遇到上述情况,砂轮就必须进行修整,切去表面上一层磨料,使砂轮表面重新露出光整锋利磨粒,以恢复砂轮的切削能力与外形精度。

第四节　磨削工作

使用不同的磨削机床,利用磨削工艺可以磨外圆、内圆(也叫内孔)、圆锥面、平面、成型面等,用途特别广泛。

一、磨外圆

(一)工件的安装

外圆磨床上安装工件的方法有顶尖安装、卡盘安装和芯轴安装等。

1. 顶尖安装

磨削轴类零件的外圆时常用前、后顶尖装夹。其安装方法与车削中顶尖的安装方法基本相同。不同的是磨削所用的顶尖不随工件一起转动(即死顶尖),以免由于顶尖转动导致径向跳动误差。尾顶尖是靠弹簧推力顶紧工件的,这样可以自动控制松紧程度,以免因工件受热伸长而弯曲变形,如图 3.5.12 所示。

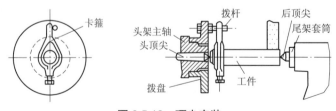

图 3.5.12　顶尖安装

2. 卡盘安装

工件较长且只有一端有中心孔时应采用卡盘安装。卡盘的安装方法与车床的安装方法基本相同,如图 3.5.13 所示。用四爪卡盘安装工件时,要用百分表找正,对于形状不规则的工件还可以采用花盘安装。

3. 芯轴安装

盘套类空心工件常用芯轴安装。芯轴的安装方法与车床的安装方法相同,不同的是磨削用的芯轴精度要求更高些,且多用锥度(锥度为 1/5 000~1/7 000)芯轴,如图 3.5.14 所示。

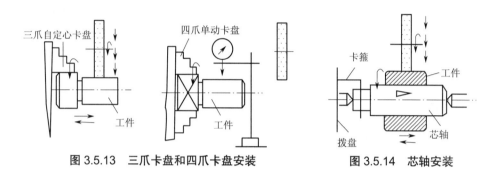

图 3.5.13　三爪卡盘和四爪卡盘安装　　　　图 3.5.14　芯轴安装

（二）磨削外圆的方法

磨削外圆的方法有纵磨法、横磨法、深磨法和混合磨法等。

1. 纵磨法

纵磨法磨削外圆时,砂轮的高速旋转为主运动,工件做圆周进给运动的同时,还随工作台做纵向往复运动,实现沿工件轴向进给,如图 3.5.15 所示。每单次行程或每往复行程终了时,砂轮做周期性的横向移动,实现沿工件径向的进给,从而逐渐磨去工件径向的全部留磨余量。磨削到

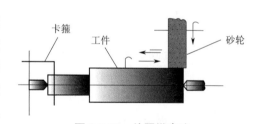

图 3.5.15　外圆纵磨法

尺寸后,进行无横向进给的光磨过程,直至火花消失为止。

由于纵磨法每次的径向进给量少,磨削力小,散热条件好,充分提高了工件的磨削精度和表面质量,能满足较高的加工质量要求,但磨削效率较低。纵磨法磨削外圆适合磨削较大的工件,是单件、小批量生产的常用方法。纵磨法可一次性磨削长度不同的各种工件,且加工质量好,但是磨削效率低。因此,纵磨法适用于单件小批量生产或精磨。

2. 横磨法

横磨法如图 3.5.16 所示。采用横磨法磨削外圆时,砂轮宽度比工件的磨削宽度大,工件不需做纵向(工件轴向)进给运动,砂轮以缓慢的速度连续地或断续地横向沿做进给运动,实现对工件的径向进给,直至磨削达到尺寸要求。其特点是:充分发挥了砂轮的切削能力,磨削效率

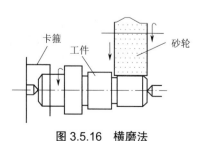

图 3.5.16　横磨法

高,同时也适用于成型磨削。然而,在磨削过程中砂轮与工件接触面积大,使磨削力增大,工件易发生变形和烧伤。另外,砂轮形状误差直接影响工件几何形状精度,磨削精度较低,表面粗糙度较大。因而必须使用功率大、刚性好的磨床,磨削的同时必须给予充分的切削液以达到降温的目的。使用横磨法,要求工艺系统刚性要好,工件宜短不宜长。短阶梯轴轴颈的精磨工序,通常采用这种磨削方法。

3. 深磨法

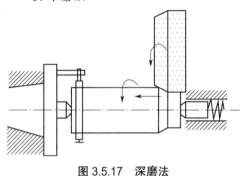

图 3.5.17 深磨法

将砂轮的一端外缘修成锥形或阶梯形,选择较小的圆周进给速度和纵向进给速度,在工作台一次行程中,将工件的加工余量全部磨除,达到加工要求尺寸。深磨法的生产率比纵磨法高,加工精度比横磨法高,但修整砂轮较复杂,只适合大批量生产,刚性较好的工件,且被加工面两端应有较大的距离以方便砂轮切入和切出。深磨法如图 3.5.17 所示。

4. 混合磨法(也叫分段综合磨法)

先采用横磨法对工件外圆表面进行分段磨削,每段都留下 0.01 ~ 0.03 mm 的精磨余量,然后用纵磨法进行精磨。这种磨削方法综合了横磨法生产率高,纵磨法精度高的优点,适合于磨削加工余量较大、刚性较好的工件。

二、磨削内圆

在万能外圆磨床上可以磨削内圆。与磨削外圆相比,由于砂轮受工件孔径限制直径较小,切削速度大大低于磨削外圆,加上磨削时散热、排屑困难,磨削用量不能选择太高,所以生产效率较低。此外,由于砂轮轴悬伸长度大,刚性较差,加工精度较低;又由于砂轮直径较小,砂轮的圆周速度较低,加上冷却排屑条件不好,所以表面粗糙度不易提高。因此,磨削内圆时,为了提高生产率和加工精度,砂轮和砂轮轴应尽可能选用较大直径,砂轮轴伸出长度应尽可能缩短。

由于内圆磨制具有万能性,不需要成套的刀具,故在小批及单件生产中应用较多,特别是对于淬硬工件,磨内圆孔仍是精加工孔的主要方法。

磨削内圆时的运动与外圆磨削基本相同,但砂轮旋转方向与工件旋转方向相反。

磨削内圆精度可达 IT6 ~ IT7,表面粗糙度 Ra 为 0.8 ~ 0.2 μm。高精度内圆磨削尺寸精度达 0.005 μm 以内,表面粗糙度值 Ra 达 0.1 ~ 0.25 μm。

磨削内圆时,工件大多数是以外圆和端面作为定位基准的。通常采用三爪卡盘、四爪卡盘、花盘及弯板等装夹。其中最常用的是四爪卡盘安装,精度较高。磨削内圆如图 3.5.18 所示。

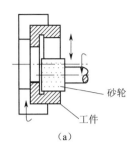

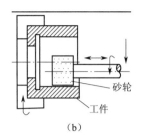

（a）　　　　　　　　　　　　　　　　（b）

图 3.5.18　磨削内圆

（a）切入磨　（b）纵向磨

（一）工件的装夹

在万能外圆磨床上磨削内圆,短工件用三爪卡盘或四爪卡盘找正外圆装夹,长工件的装夹方法有两种:一种是一端用卡盘夹紧,一端用中心架支承;另一种是用 V 形夹具装夹。

（二）磨削内圆的方法

磨削内圆一般采用纵向磨和切入磨两种方法。磨削时,工件和砂轮按相反的方向旋转。

三、磨削锥面

圆锥面有外圆锥面和内圆锥面两种。工件的装夹方法与外圆和内圆的装夹方法相同。

在万能外圆磨床上磨外圆锥面有三种方法,如图 3.5.19 所示。

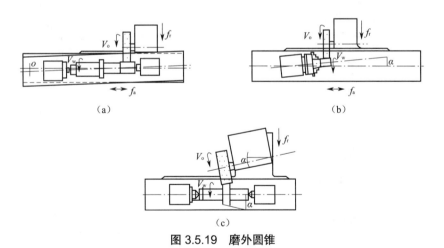

（a）　　　　　　　　　　　　　　　　（b）

（c）

图 3.5.19　磨外圆锥

（a）转动上层工作台磨外圆锥面　（b）转动头架磨外圆锥面　（c）转动砂轮架磨外圆锥面

（1）转动上层工作台磨外圆锥面,适合磨削锥度小而长度大的工件。

（2）转动头架磨外圆锥面,适合磨削锥度大而长度短的工件。

（3）转动砂轮架磨外圆锥面,适合磨削长工件上锥度较大的圆锥面。

在万能外圆磨床上磨削内圆锥面有如下两种方法。

（1）转动头架磨削内圆锥面,适合磨削锥度较大的内圆锥面。

（2）转动上层工作台磨内圆锥，适合磨削锥度小的工件。

四、磨平面

（一）装夹工件

磁性工件可以直接吸在电磁吸盘上，对于非磁性工件（如有色金属）或不能直接吸在电磁吸盘上的工件，可使用精密平口钳或其他夹具装夹后，再吸在电磁吸盘上。

（二）磨削方法

平面的磨削方式有周磨法（用砂轮的周边磨削参见图 3.5.20（a），（b）和端磨法（用砂轮的端面磨削参见图 3.5.20（c），（d）。磨削时的主运动为砂轮的高速旋转，进给运动为工件随工作台做直线往复运动或圆周运动以及磨头做间隙运动。平面磨削尺寸精度为 IT5～IT6，两平面平行度误差小于 100 ：0.1，表面粗糙度 Ra 为 $0.4～0.2\ \mu m$，精密磨削时 Ra 可达 $0.1～0.01\ \mu m$。

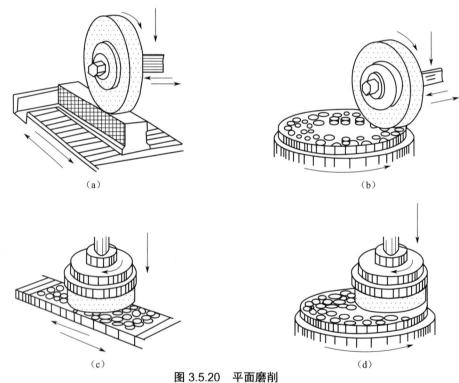

（a）　　　　　　　　　　　　　　（b）

（c）　　　　　　　　　　　　　　（d）

图 3.5.20　平面磨削

（a）矩形电磁吸盘安装零件周磨平面　（b）圆形电磁吸盘安装零件周磨平面
（c）矩形电磁吸盘安装多个零件端磨平面　（d）圆形电磁吸盘安装多个零件端磨平面

周磨法为用砂轮的圆周面磨削平面，这时需要以下几个运动。

（1）砂轮的高速旋转，即主运动。

（2）工件的纵向往复运动，即纵向进给运动。

（3）砂轮周期性横向移动,即横向进给运动。

（4）砂轮对工件做定期垂直移动,即垂直进给运动。

端磨法为用砂轮的端面磨削平面,这时需要砂轮高速旋转、工作台圆周进给、砂轮垂直进给。

周磨法的特点是工件与砂轮的接触面积小、磨削热少、排屑容易、冷却与散热条件好、磨削精度高、表面粗糙度低,但是生产效率低,多用于单件小批量生产。

端磨法的特点是工件与砂轮的接触面积大、磨削热多、冷却与散热条件差、磨削精度比周磨低、生产效率高,多用于大批量生产中磨削要求不太高的平面,常作为精磨的前一工序。

无论哪种磨削,具体磨削方法也是采用试切法,即启动机床—启动工作台—摇进给手轮—让砂轮轻微接触工件表面,调整切削深度,磨削工件至规定尺寸。

第五节　磨工实习考核

在学习了磨削加工的各种方法后,下面利用平面磨床加工图3.5.21所示工件的 A 面及其相对面,材料为 HT200,毛坯尺寸为 90 mm×60 mm×23 mm,A 面及其相对面的表面粗糙度 Ra 为 0.8 μm。

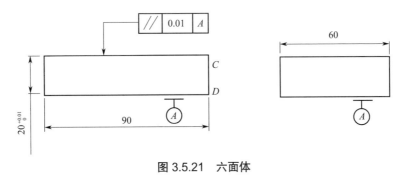

图 3.5.21　六面体

表 3.5.2

工步号	工步	内容即要求	设备	其他工艺装备
1	工艺准备	阅读图样,检查磨削余量;调整机床;准备工具、夹具和有棱角的金刚石笔等		
2		修整砂轮		金刚石笔
3		去除工件毛刺		锉刀

工步号	工步	内容即要求	设备	其他工艺装备
4	磨削	将平面 A 吸牢在电磁工作台上,将其作为基准面对刀至砂轮下缘与工件顶面有 0.5 mm 间隙;调整行程挡块,确定工作进程	M1420	钢直尺
5		磨平面 A 的相对面,先粗磨后精磨,使 CD 的尺寸达到 21.8 mm		游标卡尺
6		将平面 A 的相对面作为基准,固定方法与工序 4 中固定平面 A 的方法相同,磨平面 A,先粗磨后精磨,使 CD 的尺寸达到 20.6 mm		游标卡尺
7		再次将平面 A 作为基准面,精磨平面 A 的相对面,使 CD 尺寸达到 20.3 mm,最后光磨		游标卡尺
8		再次将平面 A 的相对面作为基准,精磨平面 A,使 CD 的尺寸达到 20 mm,最后光磨		游标卡尺
9	检验	检验几何精度和表面粗糙度		游标卡尺、千分表、直角尺

第四篇　数控编程与加工

第一章 数控机床的基本知识

一、数控机床简介

（一）数控机床的组成及工作原理

数控机床一般由程序载体、数控装置、伺服系统、测量装置、机床主体和其他辅助装置组成，如图 4.1.1 所示。

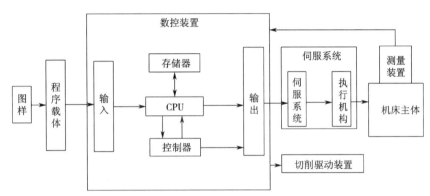

图 4.1.1 数控机床组成

（1）程序载体。程序载体可以是穿孔带，也可以是穿孔卡、磁带、磁盘或其他可以储存代码的载体。在 CAD/CAM 集成系统中，可将程序直接送入数控装置，不需要上述程序载体。

（2）数控装置。数控装置是数控机床的中枢。数控装置接收输入介质的信息，并将其代码加以识别、储存、运算，输出相应的指令脉冲以驱动伺服系统，进而控制机床动作。在计算机数控机床中，由于计算机本身即含有运算器、控制器等单元，因此其数控装置的作用由一台计算机来完成。

（3）伺服系统。其作用是把来自数控装置的脉冲信号转换为机床移动部件的运动，使工作台（或溜板）精确定位或按规定的轨迹做严格的相对运动，最后加工出符合图纸要求的零件。因此伺服系统的性能是决定数控机床加工精度、表面质量和生产率的主要因素之一。

（4）测量装置。它们能将机床各坐标轴的实际位移值检测出来经反馈系统输入机床数控装置中，数控装置对反馈回来的实际位移值与指令值进行比较，并向伺服系统输出达到设定值所需的位移量指令。

（5）机床主机。数控机床设计时，采用了许多新的加强刚性、减小热变形、提高精度等方面的措施，使得数控机床的外部造型、整体布局、传动系统以及刀具系统等方面都发生了很大的变化。

（6）辅助装置。常用的辅助装置包括：气动、液压装置，排屑装置，冷却、润滑装置，回转工作台和数控分度头，防护、照明等各种辅助设备。

（二）数控机床的类型

数控机床的品种和规格繁多，分类方法不一。根据伺服系统有无测量反馈环节及方式，数控机床可分为开环控制数控机床、闭环控制数控机床和半闭环控制数控机床；根据控制运动方式的不同，可分为点位控制数控机床、直线控制数控机床和轮廓控制数控机床，如图4.1.2所示；按功能水平分类有多功能型和经济型数控机床等。

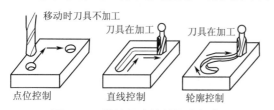

图4.1.2 数控机床控制运动方式

（三）数控机床的坐标系

在数控机床上进行加工，通常采用直角坐标系来描述刀具与工件的相对运动。为简化程序编制及保证具有互换性，国际上已制定了ISO标准坐标系，我国制定了《工业自动化系统与集成 机床数值坐标系和运动命名》（GB/T 19660—2005）标准。该标准规定坐标系统是一个右手直角笛卡儿坐标系，如图4.1.3所示。

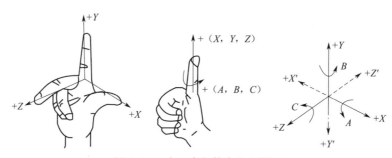

图4.1.3 右手直角笛卡儿坐标系

1. 坐标的确定

（1）Z坐标。按标准规定，机床传递切削力的主轴轴线为Z坐标。如果机床有几个主轴，则选一垂直于装夹平面的主轴作为主要主轴。如果机床没有主轴（如龙门刨床），则规定垂直于工件装夹平面的某一方位为Z轴。刀具远离工件的方向是坐标轴正方向。

（2）X坐标。X坐标一般是水平的，平行于装夹平面。对于工件旋转的机床（如车床），X坐标的方向在工件的径向上，对于刀具旋转的机床则做如下规定：如Z轴是水平的，当从主轴向工件方向看时，X运动的正方向指向右方；如Z轴是垂直的，当从刀具主轴向立柱看时，X运动的正方向指向右方。常见数控机床坐标系如图4.1.4所示。

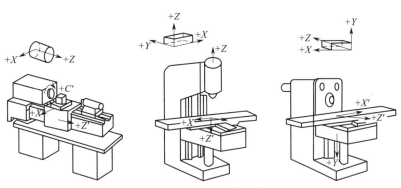

图 4.1.4　常见数控机床坐标系

（3）Y、A、B、C 及 U、V、W 等坐标。在 Z 坐标和 X 坐标确定后,由右手笛卡儿坐标系来确定 Y 坐标;A、B、C 表示绕 X、Y、Z 坐标的旋转运动,正方向按照右手螺旋法则确定,如图 4.1.3 所示;若有第二直角坐标系,可用 U、V、W 表示。

2. 机床坐标系和工件坐标系

（1）机床坐标系。以机床原点为坐标原点建立起来的 X、Y、Z 轴直角坐标系,称为机床坐标系,如图 4.1—21 所示。机床原点为机床上的一个固定点,也称机床零点。机床坐标系是机床固有的坐标系,一般情况下,机床坐标系在机床出厂前已经调整好,不允许用户随意变动。

（2）工件坐标系。工件图样给出以后,首先应找出图样上的设计基准点,其他各项尺寸均以此点为基准进行标注。该基准点称为工件原点。以工件原点为坐标原点建立的 X、Y、Z 轴直角坐标系,称为工件坐标系,如图 4.1.5 所示。工件坐标系是用来确定工件几何形体上各要素的位置而设置的坐标系。工件原点的位置是人为设定的,它是由编程人员在编制程序时根据工件的特点选定的,所以也称编程原点。数控编程时,应该首先确定编程原点及工件坐标系。

179

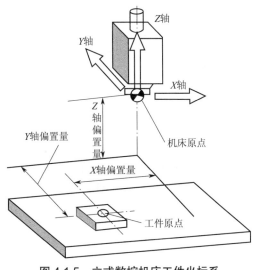

图 4.1.5　立式数控机床工件坐标系

（四）数控编程的内容和步骤

数控编程的内容和步骤如图 4.1.6 所示。

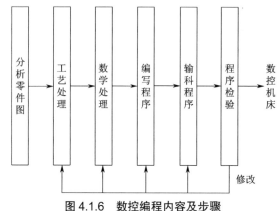

图 4.1.6　数控编程内容及步骤

（1）分析零件图纸和工艺处理。对零件图纸进行分析以明确加工的内容及要求,选择加工方案,确定加工顺序、走刀路线,选择合适的数控机床,设计夹具,选择刀具,确定合理的切削用量等。

（2）数学处理。在完成工艺处理的工作以后,需根据零件的几何形状、尺寸、走刀路线及设定的坐标系,计算粗、精加工各运动轨迹,得到刀位数据。

（3）编写程序。在加工顺序、工艺参数以及刀位数据确定后,就可按数控系统的指令代码和程序段格式(注意:不同数控系统代码规则有很大区别),逐段编写零件加工程序。编程人员应对数控机床的性能、指令功能、代码书写格式等非常熟悉,才能编写出正确的零件加工程序。

（4）输入程序。程序编写好之后,可通过键盘直接将程序输入数控系统,比较老一些的数控机床需要制作控制介质(穿孔带),再将控制介质上的程序输入数控系统。

（5）程序检验。程序送入数控机床后,还需经过试运行和试加工两步检验后,才能进行正式加工。通过试运行,检验程序语法是否有错,加工轨迹是否正确;通过试加工可以检验其加工工艺及有关切削参数指定得是否合理,加工精度能否满足零件图样要求,加工工效如何,以便进一步改进。

（五）数控编程的方法

数控编程一般分为手工编程和自动编程。

编程时,从零件图样分析、工艺处理、数值计算、编写程序单、程序输入至程序校验等各步骤均由人工完成,称为手工编程。对于形状简单的零件,计算比较简单,程序短,采用手工编程较容易完成,而且经济、及时,因此在点定位加工及由直线与圆弧组成的轮廓加工中,手工编程仍广泛应用。

自动编程是利用计算机专用软件编制数控加工程序的过程,它包括数控语言编程和图形交互式编程两种方式。现代数控编程软件主要分为以批处理命令方式为主的各种类型的语言编程系统和交互式 CAD/CAM 集成化编程系统。

这里只介绍手工编程。

国际上数控机床常用代码有 ISO 和 EIA 两种。ISO 代码是国际标准化组织制定的代码，EIA 是美国电子工业协会制定的代码。

数控机床程序由若干程序字组成，字是程序字的简称，在这里它是机床数字控制的专用术语。它被定义为：一套有规定次序的字符，可以作为一个信息单元存储、传递和操作。例如，X50、M03 等都是程序字。

常规加工程序中的字都是由一个英文字符和随后的若干位十进制数字组成。这个英文字符称为地址符。

程序字按其功能的不同可分为 7 种类型，它们分别是程序顺序号字（指的是程序的序号或名称）、准备功能字、尺寸字、进给功能字、主轴转速功能字、刀具功能字和辅助功能字。

1. 准备功能字

准备功能字的地址符是 G，所以又称 G 功能、G 指令或 G 代码。它的命令最多，功能最全。它是用来指定机床或控制系统的工作方式，为数控系统的插补运算做好准备。

在 ISO 中，准备功能字由地址符 G 和后续两位正整数表示，有 G00 ～ G99 共 100 个。

在 ISO 中，G 代码被分成不同的组，在同一个程序段中可以指定不同组的 G 代码。有两种 G 代码，一种是模态 G 代码，另一种是非模态 G 代码。所谓模态 G 代码是指一经指定一直有效，直到出现同组的其他 G 代码代替为止。非模态 G 代码是指仅在指定的程序段内有效，每次使用时，都必须重新指定。《数控机床　穿孔带程序段格式中的准备功能 G 和辅助功能 M 的代码》（JB/T 3208—1999）准备功能常用 G 代码见表 4.1.1。

表 4.1.1　ISO 代码常用准备功能字

代码	功能	组别	代码	功能	组别
G00	点定位	A	G19	*YOZ* 平面选择	B
G01	直线插补	A	G40	刀具补偿注销	C
G02	顺时针圆弧插补	A	G41	刀具左补偿	C
G03	逆时针圆弧查补	A	G42	刀具右补偿	C
G04*	暂停		G90	绝对尺寸	D
G17	*XOY* 平面选择	B	G91	增量尺寸	D
G18	*ZOX* 平面选择	B			

注：带"*"号指令为非模态指令，其他为模态指令

不同的数控系统的 G 代码的含义不一定完全相同，所以在使用时要特别加以注意。

此外，还有若干 G 代码，ISO 代码没有指定，可由生产控制系统厂家自己指定。所以，对于特定机床的数控程序编制，参看控制系统编程说明书，是很有必要的。

2. 进给功能字

进给功能字的地址符用 F,所以又称 F 功能或 F 指令。它的功能是指定切削的进给速度。现在一般都能使用直接指定方式,即可以用 F 后的数字直接指定进给速度。

F 指令一般用在包含 G01、G02、G03 及固定循环指令的程序段中。例如,G01 X100.0Y100.0F100;其中 F100 表示进给速度为 100 mm/min。

3. 主轴功能字

主轴功能字用来指定主轴的转速,地址符使用 S,所以又称 S 功能或 S 指令,单位为 r/min。现在的数控机床都采用直接指定方式。系统中一般用 M03 或 M04 指令与 S 指令一起来指定主轴的转速。例如,S1000M03;表示主轴以 1 000 r/min 的速度顺时针旋转。

4. 刀具功能字

刀具功能字用地址符 T 及随后的数字表示,所以也称为 T 功能或 T 指令。T 指令的功能含义主要是用来指定加工时用的刀具号。对于数控车床,T 的后续数字还兼作指定刀具长度补偿和刀具半径补偿作用。例如,T05M06;表示把刀库上的 5 号刀具换到主轴上。

5. 辅助功能字

辅助功能字由地址符 M 及随后的数字组成,所以也称为 M 功能或 M 指令。它用来指定数控机床辅助装置的接通和断开(即开关动作),表示机床各种辅助动作及其状态。表 4.1.2 为《数控机床 穿孔带程序段格式中的准备功能 G 和辅助功能 M 的代码》(JB/T 3208—1999)系统中常用的 M 代码。

表 4.1.2 ISO 代码常用辅助功能字

代码	功能	组别	代码	功能	组别
M02*	程序结束		M06*	换刀	
M03	主轴顺时针旋转	E	M08	冷却液开	F
M04	主轴逆时针旋转	E	M09	冷却液关	F
M05	主轴停止	E			

注:带"*"号指令为非模态指令,其他为模态指令。

6. 程序段格式

程序段格式是指程序段中字、字符和数据的安排规则。程序段格式有多种类型,现主要采用字地址可变程序段格式,即程序字长是不固定的,程序字的个数也是可变的,程序字的顺序是任意排列的。例如,程序段"G80G40G49"与"G49G40G80"的作用是完全相同的。

每一个程序段的结尾处必须用程序段结束代码来分隔。在 ISO 标准中用 EOB 符号;在 EIA 标准中用 LF 符号。在 Fanuc 系统中使用";"来作为程序段结束符号。

7. 程序结构

常规加工程序由程序开始符(单独位于一个程序段)、程序名(单独位于一个程序段)、程序的主体和程序结束指令组成。程序的最后还有一个程序结束符,程序结束指令可用 M02 或 M30。

每种数控机床在出厂前,厂家会指定若干指令,各都有其特殊的地方,所以在操作数控机床前必须阅读数控机床附带编程说明书。

（六）基本 G 指令用法举例

1.G90 与 G91 用法

绝对尺寸编程 G90 与相对尺寸编程 G91,用法如图 4.1.7 所示。

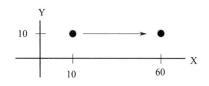

G90 X60.Y10.；刀具运动到坐标点（60，10）

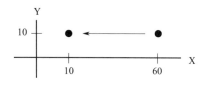

G90 X10.Y10.；刀具运动到坐标点（10，10）

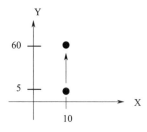

G91 Y55.；沿Y轴走正增量55

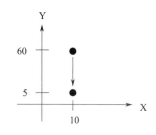

G91 Y-55.；沿Y轴走负增量55

图 4.1.7　G90、G91 用法举例

2. 快速定位指令 G00

G00 指令用于命令刀具以点位控制方式从刀具当前所在位置以最快速度移动到下一个目标位置。它只是快速定位,无运动轨迹要求。系统在执行 G00 指令时,刀具不能与工件发生切削运动。例如,G00X10Y10；表示快速将刀具移到（10,10）位置。

3. 直线插补命令 G01

G01 指令是用来指定机床做直线插补运动的。G01 指令后面的坐标值,取绝对值还是取增量值由系统当时的状态是 G90 状态还是 G91 状态决定,进给速度用 F 代码指定。例如,G01 X10.Y10.F5；表示以进给速度 5 mm/min,直线切削加工至（10,10）坐标点。

4. 刀具补偿指令 G41 和 G42

用了刀具半径自动补偿指令,可以直接以零件图作为编程轨迹,计算机自动计算刀具圆心运动轨迹。当铣刀顺时针加工图 4.1.8 所示的四边形零件时,沿着刀具行进方向看去,如果刀具在零件的左侧则需要用刀具半径左偏补偿指令 G41 编程；反之,要用刀具半径右偏补偿指令 G42 编程。当换刀、刀具磨损时,仅改变刀具直径数值,程序不变,可以显著提高生产率。

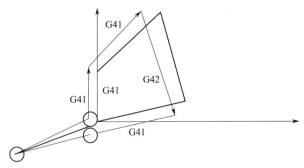

图 4.1.8　刀具补偿指令用法

5. 圆弧插补指令 G02 和 G03

所谓的圆弧插补就是控制数控机床在各坐标平面内执行圆弧运动,将工件切削出圆弧轮廓。

圆弧插补指令有两种类型,分别是 G02 和 G03,顺时针方向切削时用 G02,逆时针方向切削时用 G03。如图 4.1.9 所示,XOY 平面内从 A 点(40,20)到 B 点(20,40)圆弧加工编程代码可以有以下四种。

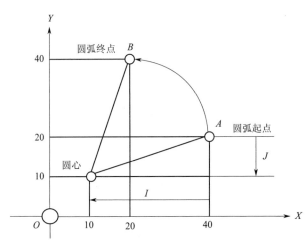

图 4.1.9　圆弧加工编程举例

（1）G90G03X20.Y40.R33.33F10；R 为圆弧半径。

（2）G90G03X20.Y40.I-30.J-10.F10；I、J 分别为圆弧起点指向圆心矢量在 X、Y 轴的投影。

（3）G91 G03 X-20.Y20.R33.33 F10。

（4）G91 G03 X-20.Y20.I-30.J-10.F10。

（七）数控加工的特点

由于采用先进的机电一体化加工设备,使数控加工与普通加工相比较有以下特点:

（1）工序集中;

（2）加工自动化；

（3）劳动强度低；

（4）产品质量稳定；

（5）有利于生产管理现代化。

第二章　数控车床编程实训

第一节　数控车床介绍

图 4.2.1　数控车床外形

常见数控车床主要由车床主体和数控系统两部分组成,如图 4.2.1 所示。其中,车床主体基本保持了普通车床的布局形式,包括主轴箱、导轨、床身和尾座等部件,取消了进给箱、溜板箱、小滑板、光杠及丝杠等进给运动部件,而由伺服电动机和滚珠丝杠等组成并实现进给运动;数控系统主要由计算机主机、键盘、显示器、输入输出控制器、功率放大器和检测电路等组成。

(1)床身和导轨。数控车床的床身结构和导轨有多种形式,床身主要有水平床身、倾斜床身和水平床身斜滑鞍等;导轨则多采用滚动导轨和静压导轨等。

(2)伺服电动机。伺服电动机又称执行电动机,在自动控制系统中,用作执行元件,把所收到的电信号转换成电动机轴上的角位移或角速度输出,并且带动丝杠把角度按照对应规格的导程转化为直线位移。

(3)滚珠丝杠。滚珠丝杠由螺杆、螺母和滚珠组成,它的功能是将旋转运动转化成直线运动,滚珠丝杠具有轴向精度高、运动平稳、传动精度高、不易磨损和使用寿命长等优点,如图 4.2.2 所示。

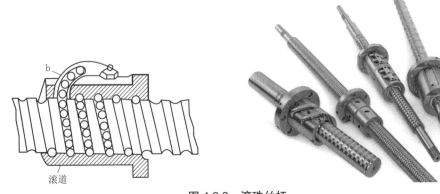

图 4.2.2　滚珠丝杠

(4)数控系统。数控装置的核心是计算机及其软件,它在数控车床中起指挥作用。数控装置接收由加工程序送来的各种信息,经处理和调配后,向数控车床执行机构发出命令,执行机构按命令进行加工动作。与普通车床相比较,数控车床除了具有计算机控制系统和检测装置外,其主传动和进给系统与普通车床在结构上也存在着本质上的差别。

第二节　数控车床加工操作与编程

各个厂家生产的数控车床操作台不尽相同,但类似,下面以华中世纪星(HNC-21T)为例来介绍,它是基于计算机的车床 CNC 数控装置,本节主要介绍 HNC-21T 操作台的构成以及软件操作界面,并简单介绍数控车削加工编程的基础知识。

一、基本结构与主要功能

(一)操作装置

(1)操作台,如图 4.2.3 所示。

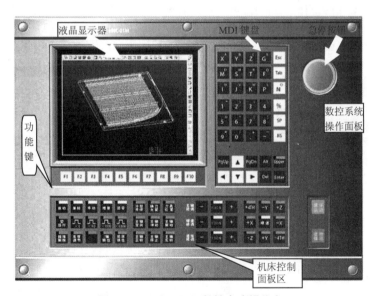

图 4.2.3　HNC-21T 数控车床操作台

(2)显示器,如图 4.2.3 所示。

(3)NC 键盘,包括精简型 MDI 键盘和 F1～F10 十个功能键。标准化的字母数字式键盘的大部分键具有上档键功能,当"UPPER"键有效时,指示灯亮,输入的是上档键。NC 键盘用于零件程序的编制、参数输入、MDI 及系统管理操作等。

(4)车床控制面板(Machine Control Panel,MCP),其大部分按键(除"急停"按钮外)位于操作台的下部,"急停"按钮位于操作台的右上角。车机床控制面板用于直接控制车床的动作或加工过程。

图 4.2.4　MPG 手持单元

（5）MPG 手持单元,由手摇脉冲发生器、坐标轴选择开关组成,用于手摇方式增量进给坐标轴,如图 4.2.4 所示。

（二）软件操作界面

HNC-21T 的软件操作界面如图 4.2.5 所示,其界面由以下几个部分组成。

（1）图形显示窗口。可以根据需要,用功能键 F9 设置窗口显示内容。

（2）菜单命令条。通过菜单命令条中的功能键 F1~F10 来完成系统功能的操作。

（3）运行程序索引。自动显示加工中的程序名和当前程序段行号。

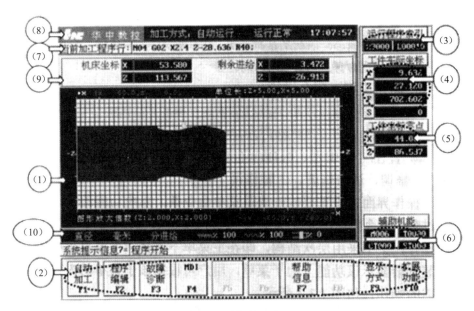

图 4.2.5　软件操作界面

（4）选定坐标系下的坐标值。坐标系可在车床坐标系/工件坐标系/相对坐标系之间切换;显示值可在指令位置/实际位置/剩余进给/跟踪误差/负载电流/补偿值之间切换。

（5）工件坐标零点在车床坐标系下的坐标。

（6）倍率修调。其包括主轴修调、进给修调和快速修调。主轴修调为当前主轴修调倍率;进给修调为当前进给修调倍率;快速修调为当前快进修调倍率。

（7）当前加工程序行。

（8）当前加工方式、系统运行状态及当前时间。

（9）当前坐标、剩余进给。

（10）直径/半径编程、公制/英制编程、每分钟进给/每转进给、快速修调、进给修调、主轴修调倍率。

工作方式：系统工作方式根据车床控制面板上相应按键的状态可在自动（运行）、单段（运行）、手动（运行）、增量（运行）、回零、急停、复位等之间切换。

运行状态：系统工作状态在"运行正常"和"出错"间切换。

系统时钟：当前系统时间。

操作界面中最重要的一块是菜单命令条。系统功能的操作主要通过菜单命令条中的功能键 F1～F10 来完成。由于每个功能包括不同的操作，菜单采用层次结构，即在主菜单下选择一个菜单项后，数控装置会显示该功能下的子菜单，用户可根据该子菜单的内容选择所需的操作。

数控车床所提供的各种功能可通过控制面板上的键盘操作得以实现。

二、数控车床的操作

数控车床的操作是通过操作面板和控制面板来完成。由于生产厂家或者数控系统选配上的不同，面板功能和布局可能存在差异，操作前应结合具体设备情况，仔细阅读操作说明书。

（一）上电

上电部分包括以下几点：

（1）检查车床状态是否正常；

（2）检查电源电压是否符合要求，接线是否正确；

（3）按下"急停"按钮；

（4）车床上电；

（5）数控上电；

（6）检查风扇电机运转是否正常；

（7）检查面板上的指示灯是否正常。

接通数控装置电源后，HNC-21T 自动运行系统软件。

（二）复位

系统上电进入软件操作界面时，系统的工作方式为"急停"，为控制系统运行，需左旋并拔起操作台右上角的"急停"按钮使系统复位，并接通伺服电源。系统默认进入"回参考点"方式，软件操作界面的工作方式变为"回零"。

（三）返回车床参考点

控制车床运动的前提是建立车床坐标系，为此，系统接通电源、复位后首先应进行车床各轴回参考点操作，方法如下：

（1）如果系统显示的当前工作方式不是回零方式，按一下控制面板上面的"回零"按

键,确保系统处于"回零"方式;

(2)根据 X 轴车床参数"回参考点方向",按一下"+X"按键("回参考点方向"为"+")或"－X"("回参考点方向"为"－")按键,X 轴回到参考点后,"+X"按键或"－X"按键内的指示灯亮;

(3)用同样的方法使用"+Z"按键、"－Z"按键,可以使 Z 轴回参考点。所有轴回参考点后,即建立了车床坐标系。

注意:

(1)回参考点时应确保安全,在机床运行方向上不会发生碰撞,一般应选择 Z 轴先回参考点,将刀具抬起;

(2)在每次电源接通后,必须先完成各轴的返回参考点操作,然后再进入其他运行方式,以确保各轴坐标的正确性;

(3)同时使用多个相容("+X"按键与"－X"按键不相容,其余类同)的轴向选择按键,每次能使多个坐标轴返回参考点;

(4)在回参考点前,应确保回零轴位于参考点的"回参考点方向"相反侧(如 X 轴的回参考点方向为负,则回参考点前,应保证 X 轴当前位置在参考点的正向侧),否则应手动移动该轴直到满足此条件;

(5)在回参考点过程中,若出现超程,请按住控制面板上的"超程解除"按键,向相反方向手动移动该轴使其退出超程状态。

(四)急停

车床运行过程中,在危险或紧急情况下,按下"急停"按钮,CNC 即进入"急停"状态,伺服进给及主轴运转立即停止工作(控制柜内的进给驱动电源被切断);松开"急停"按钮(左旋此按钮,自动跳起),CNC 进入复位状态。

解除"急停"前,先确认故障原因是否排除,且"急停"解除后应重新执行回参考点操作,以确保坐标位置的正确性。

注意:在上电和关机之前应按下"急停"按钮以减少设备电冲击。

(五)关机

(1)按下控制面板上的"急停"按钮,断开伺服电源。

(2)断开数控电源。

(3)断开车床电源。

三、手动操作

车床手动操作主要由手持单元和车床控制面板共同完成,车床控制面板如图 4.2.6 所示。

图 4.2.6　MDI 功能子菜单

（一）坐标轴移动

手动移动车床坐标轴的操作由手持单元和车床控制面板上的"方式选择""轴手动""增量倍率""进给修调""快速修调"等按键共同完成。

1. 点动进给

按一下"手动"按键（指示灯亮），系统处于点动运行方式，可点动移动车床坐标轴（下面以点动移动 X 轴为例说明）：

（1）按下"+X"按键或"－X"按键（指示灯亮），X 轴将发生正向或负向连续移动；

（2）松开"+X"按键或"－X"按键（指示灯灭），X 轴减速停止。

用同样的操作方法使用"+Z"按键、"－Z"按键，可以使 Z 轴发生正向或负向连续移动。在点动运行方式下，同时按下 X、Z 方向的轴手动按键，能同时手动连续移动 X、Z 轴。

2. 点动快速移动

在点动进给时，若同时按下"快进"按键，则发生相应轴的正向或负向快速运动。

3. 点动进给速度选择

在点动进给时，进给速率为系统参数"最高快移速度"的 1 / 3 乘以进给修调选择的进给倍率。点动快速移动的速率为系统参数"最高快移速度"乘以快速修调选择的快移倍率。

按压进给修调或快速修调右侧的"100%"按键（指示灯亮），进给或快速修调倍率被置为100%，按一下"+"按键，修调倍率递增 5%，按一下"－"按键，修调倍率递减 5%。

4. 增量进给

当手持单元的坐标轴选择波段开关置于"Off"挡时，按一下控制面板上的"增量"按键（指示灯亮），系统处于增量进给方式，可增量移动车床坐标轴（下面以增量进给 X 轴为例说明）：

（1）按一下"+X"按键或"－X"按键（指示灯亮），X 轴将向正向或负向移动一个增量值；

（2）再按一下"+X 按键或"－X"按键，X 轴将向正向或负向继续移动一个增量值。

用同样的操作方法，使用"+Z"按键、"－Z"按键，可以使 Z 轴向正向或负向移动一个增量值，同时按一下 X、Z 方向的轴手动按键，能同时增量进给 X、Z 轴。

5. 增量值选择

增量进给的增量值由"X1""X10""X100""X1000"四个增量倍率按键控制。增量倍率按键和增量值的对应关系见表 4.2.1。

191

表 4.2.1　增量倍率按键和增量值的对应关系

增量倍率按键	X1	X10	X100	X1000
增量值 /(mm)	0.001	0.01	0.1	1

注意:这几个按键互锁,即按一下其中一个(指示灯亮),其余几个会失效(指示灯灭)。

6.手摇进给

当手持单元的坐标轴选择波段开关置于"X""Y""Z""4TH"挡(对车床而言,只有"X""Z"有效)时,按一下控制面板上的"增量"按键(指示灯亮),系统处于手摇进给方式,可手摇进给车床坐标轴(下面以手摇进给 X 轴为例说明):

(1)手持单元的坐标轴选择波段开关置于"X"挡;

(2)顺时针/逆时针旋转手摇脉冲发生器一格,X 轴将向正向或负向移动一个增量值。

用同样的操作方法使用手持单元,可以控制 Z 轴向正向或负向移动一个增量值。

手摇进给方式每次只能增量进给 1 个坐标轴。手摇进给的增量值(手摇脉冲发生器每转一格的移动量)由手持单元的增量倍率波段开关"X1""X10""X100"控制。

(二)手动数据输入(MDI)运行

在主操作界面下(图 4.2.40),按功能键 F4 进入 MDI 功能子菜单,命令行与菜单条的显示如图 4.2.41。在 MDI 功能子菜单下按功能键 F6,进入 MDI 运行方式,命令行的底色变成了白色,并且有光标在闪烁,这时可以从 NC 键盘输入并执行一个 G 代码指令段,即"MDI运行"。

注意:自动运行过程中,不能进入 MDI 运行方式,可在进给保持后进入。

在输入一个 MDI 指令段后,按一下操作面板上的"循环启动"按键,系统即开始运行所输入的 MDI 指令。如果输入的 MDI 指令信息不完整或存在语法错误,系统会提示相应的错误信息,此时不能运行 MDI 指令。

在系统正在运行 MDI 指令时,按功能键 F7 可停止 MDI 运行。

四、常用基本编程指令

(一)常用准备功能指令

准备功能指令又称 G 功能指令,是使数控车床准备好某种运动方式的指令。不同的数控系统,G 代码功能可能会有所不同,具体编程时,要参考数控车床所配备数控系统的说明书。常用 G 功能指令见表 4.2.2。

表4.2.2 常用G功能指令

指令	指令格式	轨迹图	功能说明
G00	G00;	终点 起点	利用该指令可以使刀具快速（系统设定的最大速度）移动到指定的位置。
*G01	G01 X_Z_ F_;	终点 起点	利用该指令可以使刀具进行直线插补切削运动。该指令的"X""Z"可分别为绝对值或增量值,由"F"指定进给速度。
G02	G02 X_Z_ R_F_; 或 G02 X_Z_ I_K_F_;	G02 X..Z..I..K..F..; 或 G02 X..Z..R..F..; （绝对值指定） （直径编程） 圆弧中心	利用该指令可以使刀具沿着顺时针圆弧进行切削运动。所谓顺时针和逆时针是指在右手直角坐标系中,对于ZOX平面,从Y轴的正方向往负方向看时而判定的转向。用地址"X""Z"（绝对坐标）或者"U""W"（增量坐标）指定圆弧的终点。增量值是从圆弧的始点到终点的距离值。圆弧中心用地址"I""K"指定。它们分别对应于"X""Z"轴。但"I""K"后面的数值是从圆弧始点到圆心的矢量分量,是增量值。"I""K"根据方向带有符号。圆弧中心除用"I""K"指定外,还可以用半径"R"来指定（仅可对小于180°的圆弧指定）
G03	G03 X_Z_ R_F_; 或 G03 X_Z_ I_K_F_;	G03 X..Z..I..K..F..; 或 G03 X..Z..R..F..; （绝对值指定） （直径编程） 圆弧中心	利用该指令可以使刀具沿着逆时针圆弧进行切削运动。其他同G02指令说明
G04	G04 P_; 或 G04 X_; 或 G04 U_;		该指令为暂停指令,可以推迟下个程序段的执行,推迟时间为指令指定的时间。以s为单位指定暂停时间,指定范围为0.001～99999.999 s。如果省略了"P""X",则该指令可看作是准确停指令
G41 G42 *G40	G41; G42; G40;	G41（工件在左侧） 工件 G42（工件在右侧）	G40、G41、G42指令用于取消或产生向量。这些G代码与G00、G01、G02、G03指令等一起使用指定刀具移动的补偿模式。其中: G41指令为左偏补偿,沿程序路径左侧移动; G42指令为右偏补偿,沿程序路径右侧移动; G40指令为取消补偿,沿程序路径移动。在开机后,系统立刻进入"取消"模式。程序必须在"取消"模式下结束。否则,刀具不能在终点定位,刀具停止在离终点一个向量长度的位置

注:带*的G代码表示当电源接通时,系统处于这个G代码的状态。

193

（二）辅助功能——M 代码

辅助功能由地址字 M 和其后的一或两位数字组成,主要用于控制零件程序的走向,以及车床各种辅助功能的开关动作。

M 功能有非模态 M 功能和模态 M 功能两种形式:非模态 M 功能(当段有效代码)只在书写了该代码的程序段中有效;模态 M 功能(续效代码)是一组可相互注销的 M 功能,这些功能在被同一组的另一个功能注销前一直有效。

模态 M 功能组中包含一个默认功能(表 4.2.3),系统上电时将被初始化为该功能。

表 4.2.3　M 代码及功能

代码	模态	功能说明	代码	模态	功能说明
M00	非模态	程序停止	M07	模态	切削液开
M02	非模态	程序结束	M09	模态	切削液关
M03	模态	主轴正转	M30	非模态	结束程序并返回程序起点
M04	模态	主轴反转			
M05	模态	主轴停止转动	M98	非模态	调用子程序
M06	非模态	换刀	M99	非模态	子程序结束·

M00、M02、M30、M98、M99 指令用于控制零件程序的走向,是 CNC 内定的辅助功能,不由车床制造商设计决定。其余 M 代码用于车床各种辅助功能的开关动作,其功能不由 CNC 内定,而是由(Programmable Logic Controer,PLC)程序指定,所以有可能因车床制造厂不同而有差异。

1.CNC 内定的辅助功能

1)程序暂停指令 M00

当 CNC 执行到 M00 指令时,将暂停执行当前程序,以方便操作者进行刀具和工件的尺寸测量、工件调头、手动变速等操作。

暂停时,车床的进给停止,而全部现存的模态信息保持不变。欲继续执行后续程序,按操作面板上的"循环启动"按键即可。

2)程序结束指令 M02

M02 指令一般放在主程序的最后一个程序段中。当 CNC 执行到 M02 指令时,车床的主轴、进给、冷却液全部停止,加工结束。使用 M02 指令结束程序后,若要重新执行该程序,就得重新调用该程序。

3)程序结束并返回到零件程序起点指令 M30

M30 指令和 M02 指令功能基本相同,只是 M30 指令兼有控制返回到零件程序头(%)的作用。

使用 M30 指令结束程序后,若要重新执行该程序,只需再次按操作面板上的"循环启动"按键。

2.PLC 设定的辅助功能

1）主轴控制指令 M03、M04、M05

M03 指令启动主轴以程序中编制的主轴速度顺时针方向（从 Z 轴正向朝 Z 轴负向看）旋转。

M04 指令启动主轴以程序中编制的主轴速度逆时针方向旋转。

M05 指令使主轴停止旋转。

M03、M04、M05 指令可相互注销。

2）冷却液打开、停止指令 M07、M08、M09

M07、M08 指令将打开冷却液管道。

M09 指令将关闭冷却液管道。

（三）主轴功能、进给功能和刀具功能

1. 主轴功能指令 S

主轴功能指令 S 控制主轴转速，其后的数值表示主轴速度，单位为 r/min。恒线速度功能时 S 指令指定切削线速度，其后的数值单位为 m/min。G96 指令为恒线速度有效，G97 指令为取消恒线速度。

S 是模态指令，S 指令功能只有在主轴速度可调节时有效。

S 指令所编程的主轴转速可以借助车床控制面板上的主轴倍率开关进行修调。

2. 进给功能指令 F

进给功能指令 F 表示工件被加工时刀具相对于工件的合成进给速度，F 的单位取决于 G94 指令（每分钟进给量，mm/min）或 G95 指令（主轴每转一转刀具的进给量，mm/r）。

当工作在 G01，G02 或 G03 方式下，编程的 F 指令一直有效，直到被新的 F 值所取代；而工作在 G00 方式下，快速定位的速度是各轴的最高速度，与所编程的 F 指令无关。

借助车床控制面板上的倍率按键，F 指令可在一定范围内进行倍率修调。当执行攻螺纹循环 G76、G82 指令，螺纹切削 G32 指令时，倍率开关失效，进给倍率固定在 100%。

3. 刀具功能指令 T

刀具功能指令 T 代码用于选刀，其后的 4 位数字分别表示选择的刀具号和刀具补偿号。T 指令与刀具的关系是由车床制造厂规定的，应参考车床厂家的说明书。执行 T 指令，转动转塔刀架，选用指定的刀具。当一个程序段同时包含 T 指令与刀具移动指令时，先执行 T 指令，再执行刀具移动指令。

第三节　典型零件数控车削加工

数控车床所加工的零件通常要比普通车床所加工的零件工艺复杂得多。在数控车床加工前，要将车床的运动过程、零件的工艺过程、刀具的形状、切削用量和走刀路线等都编入程序。

一、编程步骤

（一）产品图纸分析

（1）尺寸完整性检查。

（2）产品精度、表面粗糙度等要求。

（3）产品材质、硬度等。

（二）工艺处理

（1）加工方式及设备确定。

（2）毛坯尺寸及材料确定。

（3）装夹定位的确定。

（4）加工路径及起刀点、换刀点的确定。

（5）刀具数量、材料、几何参数的确定。

（6）切削参数的确定。

粗、精车工艺：粗车进给量应较大，以缩短切削时间；精车进给量应较小以降低表面粗超度。一般情况下，精车进给量小于 0.2 mm/r 为宜，但要考虑刀尖圆弧半径的影响；粗车进给量大于 0.25 mm/r。

（三）数学处理

（1）编程零点及工件坐标系的确定。

（2）各节点数值计算。

（四）其他主要内容

（1）按规定格式编写程序单。

（2）按"程序编辑步骤"输入程序，并检查程序。

（3）修改程序。

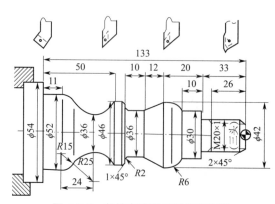

图 4.2-7　数控车床考核件编程实例

二、编程实例

编制图 4.2.7 所示零件的加工程序。工艺条件：工件材质为 45# 钢或铝；毛坯为直径 φ54 mm、长 200 mm 的棒料。刀具选用：1 号端面刀加工工件端面，2 号端面外圆刀粗加工工件轮廓，3 号端面外圆刀精加工工件轮廓，4 号外圆螺纹刀加工导程为 3 mm、螺距为 1 mm 的三头螺纹。

%3346

N1　T0101　　（换 1 号端面刀,确定其坐标系）

N2　M03 S500　　（主轴以 500 r/min 正转）

N3　G00 X100 Z80　　（至程序起点或换刀点位置）

N4　G00X60 Z5　　（到简单端面循环起点位置）

N5　G81 X0 Z1.5 F100　　（简单端面循环加工,加工过长毛坯）

N6　G81 X0 Z0　　（简单端面循环加工过长毛坯）

N7　G00 X100 Z80　　（到程序起点或换刀点位置）

N8　T0202　　（换 2 号外圆粗加工刀,确定其坐标系）

N9　G00 X60 Z3　　（到简单外圆循环起点位置）

N10　G80X52.6 Z-133 F100　　（简单外圆循环加工过大毛坯直径）

N11　G01 X54　　（到复合循环起点位置）

N12　G71U1 R1 P16 Q32 E0.3　　（有凹槽外径粗切复合循环加工）

N13　G00 X100 Z80　　（粗加工后,至换刀点位置）

N14　T0303　　（换 3 号外圆精加工刀,确定其坐标系）

N15　G00 G42 X70 Z3　　（到精加工始点,加入刀尖圆弧半径补偿）

Nl6　G0lX10 F100　　（精加工轮廓开始,到倒角延长线处）

N17　X19.95 Z-2　　（精加工倒角 2×45°）

N18　Z-33　　（精加工螺纹外径）

N19　G0l X30　　（精加工 Z-33 处端面）

N20　Z-43　　（精加工 ϕ30 外圆）

N21　G03 X42 Z-49R6　　（精加工 R6 圆弧）

N22　G0l Z-53　　（精加工 ϕ42 圆）

N23　X36 Z-65　　（精加工切锥面）

N24　Z-73　　（精加工 ϕ36 槽径）

N25　G02 X40 Z-75 R2　　（精加工 R2 过渡圆弧）

N26　G01 X44　　（精加工 Z-75 处端面）

N27　X46 Z-76　　（精加工倒角 1×45°）

N28　Z-84　　（精加工 ϕ46 槽径）

N29　G02 Z-113 R25　　（精加工 R25 圆弧凹槽）

N30　G03X52 Z-122 R15　　（精加工 R15 圆弧）

第三章　数控铣床与加工中心编程

第一节　概述及坐标设定

一、概述

前面已介绍有关程序编制的预备知识,这里对编程方法和某些常用指令的用法做进一步介绍,尽管数控代码是国际通用的,但不同生产厂家一般都有自定的一些编程规则,因此,在编程前必须认真阅读随机技术文件中有关编程的说明,这样才能编制出正确的程序。

同普通铣床一样,数控铣床按外形也分为立式数控铣床,卧式数控铣床、龙门数控铣床三种,而数控加工中心(Machining Center)是一种集成化的数控加工机床,是在数控铣床的基础上发展衍化而成的,它集铣削、钻削、铰削、镗削及螺纹切削等工艺于一体,有立式加工中心、卧式加工中心、龙门式加工中心、复合加工中心等。最常见的是立式加工中心。加工中心特别适合于箱体类零件和孔系的加工。

加工中心的加工范围如图 4.3.1 所示。

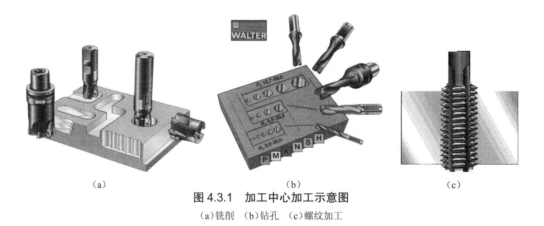

（a）　　　　　　　　　　　（b）　　　　　　　　　　　（c）

图 4.3.1　加工中心加工示意图

（a）铣削　（b）钻孔　（c）螺纹加工

立式加工中心布局如图 4.3.2 所示。

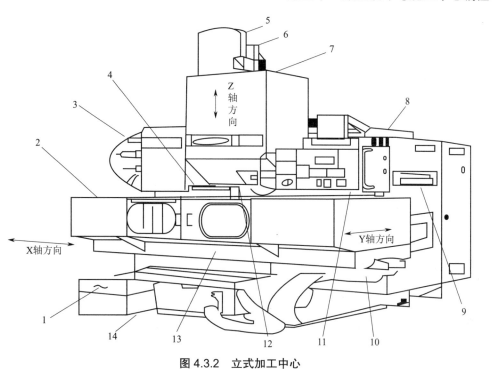

图 4.3.2　立式加工中心

1—切屑槽；2—防护罩；3—刀库；4—换刀装置；5—主轴电动机；6—Z 轴伺服电动机；7—主轴箱；
8—支架座；9—数控柜；10—X 轴伺服电动机；11—操作面板；12—主轴；13—工作台；14—切削液槽

加工中心的工艺特点：

（1）加工精度高；

（2）表面质量好；

（3）加工生产率高；

（4）工艺适应性强；

（5）劳动强度低、劳动条件好；

（6）良好的经济效益；

（7）有利于生产管理的现代化。

二、加工中心坐标设定

（一）加工中心运动部件运动方向的规定

1.Z 轴坐标运动

规定与主轴线平行的坐标轴为 Z 坐标（Z 轴），并取刀具远离工件的方向为正方向。

当机床有几根主轴时，则选取一个垂直于工件装夹表面的主轴为 Z 轴（如龙门铣床）。

2.X 轴坐标运动

规定 X 轴水平平行于工件装夹表面。

3. *Y* 轴坐标运动

Y 轴垂直于 *X*、*Z* 轴。当 *X* 轴、*Z* 轴确定之后,按笛卡儿直角坐标系右手定则法判断,*Y* 轴方向就被唯一地确定了。

4. 旋转运动 *A*、*B* 和 *C*

旋转运动用 *A*、*B* 和 *C* 表示,规定其分别为绕 *X*、*Y* 和 *Z* 轴旋转的运动。*A*、*B* 和 *C* 的正方向,相应地表示在 *X*、*Y* 和 *Z* 坐标轴的正方向上,按右手螺旋前进方向。

（二）加工中心机械原点及工作坐标系

1. 加工中心机械原点

机床坐标系的原点也称机械原点、参考点或零点。

而机床坐标系的原点是三维面的交点,无法直接感觉和测量,只有通过各坐标轴的零点做相应的平行切面,这些切面的交点,即为机床坐标系的原点（机械原点）,这个原点是机床一经设计和制造出来,就已经确定下来的。

2. 加工中心工作坐标系

编程时一般选择工件上的某一点作为程序原点,并以这个原点作为坐标系的原点建立一个新的坐标系,这个新的坐标系就是工作坐标系（编程坐标系）。

第二节　FANUC 系统加工中心编程原理及实例

FANUC 是现在使用较多的数控系统较多,该系统以 ISO 代码编程,并有一些自己定义的特殊代码。

一、程序结构

（一）程序号

程序号作为程序的标记需要预先设定,一个程序号必须在字母"O"后面紧接最多 8 个阿拉伯数字。

（二）程序段号

程序段号是每个程序功能段的参考代码,一个程序段号必须在字母"N"后紧接最多 5 个阿拉伯数字。

（三）程序段

一个程序段能完成某一个功能,程序段中含有执行一个工序所需的全部数据,程序段由若干个字及段结束符"LF"组成。

/N10 G03 X10.0 Y30.0 CR=25.0 F100；（注释）LF

其中，/ 表示程序段在执行过程中可以被跳过；N10 表示程序段号，主程序段中可以有字符；表示中间间隔（可以省略）；G03 表示程序段具体指令；（注释）表示对程序段进行必要的说明；LF 表示程序段结束。

二、常见程序命令

（一）自动返回参考点指令 G28

指令格式：

　　G91 G28 X…Y…Z…

其中，G94 表示定义分进给，即每分钟进给量（mm/min）；G95 表示定义转进给，即每转进给量，mm/r。

（二）点钻循环指令 G81（多个命令的集合）

指令格式：

　　G81 [Xx Yy] Rr Zz；

其中，Xx、Yy 表示点钻孔的坐标；Rr 表示点钻参考平面高度（钻孔开始平面到刀具初始位置 Z 坐标差；Zz 表示孔的最后钻深。

（三）铰孔循环 G85

指令格式：

　　G85 [Xx Yy] Rr Zz [Ptz] Ffo [Ef1 Ddo]

其中，tz 表示停顿时间或主轴旋转的圈数；do 表示离 R 点的距离；fo 表示进给率 0；f1 表示进给率 1。

三、编程实例——平面轮廓加工

毛坯为 120 mm×60 mm×10 mm 板材，5 mm 深的外轮廓已粗加工过，周边留 2 mm 余量，要求加工出如图 4.3.3 所示的外轮廓及 ϕ20 mm 的孔。工件材料为铝。

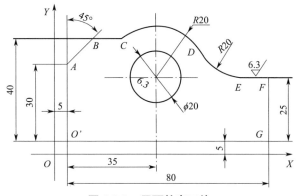

图 4.3.3　平面轮廓工件

201

（1）根据图样要求、毛坯及前道工序加工情况,确定工艺方案及加工路线。

①以底面为定位基准,两侧用压板压紧,固定于铣床工作台上。

②工步顺序:

a. 钻 ϕ20 mm 孔;

b. 按 $O'ABCDEFG$ 线路铣削轮廓。

（2）选择机床设备。根据零件图样要求,选用经济型数控铣床即可达到要求。

（3）选择刀具。现采用 ϕ20 mm 钻头,定义为 T02, ϕ5 mm 平底立铣刀,定义为 T01,并把该刀具的直径输入刀具参数表中。由于普通数控钻铣床没有自动换刀功能,按照零件加工要求,只能手动换刀。

（4）确定切削用量。切削用量的具体数值应根据该机床性能、相关的手册并结合实际经验确定,详见加工程序。

（5）确定工件坐标系和对刀点。在 XOY 平面内确定以为 O 点为工件原点, Z 方向以工件下表面为工件原点,建立工件坐标系,如图 4.3.3 所示。采用手动对刀方法把 O 点作为对刀点。

（6）编写程序。

O0002;

N0010 G92 X5. Y5. Z50.;   设置对刀点（手工安装好 ϕ20 mm 钻头）

N0020 G90 G17 G00 X40. Y30.;   在 XOY 平面内加工

N0030 G98 G81 X40. Y30. Z-5. R15. F150;   钻孔循环

N0040 G00 X5. Y5. Z50.;

N0050 M05;

N0060 M00;   程序暂停,手动换 ϕ5 mm 立铣刀

N0070 G90 G41 G00 X-20. Y-10. Z-5. D01;

N0080 G01 X5. Y-10. F150;

N0090 G01 Y35. F150;

N0100 G91

N0110 G01 X10. Y10.;

N0120 X11.8 Y0;

N0130 G02 X30.5 Y-5. R20.;

N0140 G03 X17.3 Y-10. R20.;

N0150 G01 X10.4 Y0;

N0160 X0 Y-25.;

N0170 X-90. Y0;

N0180 G90 G00 X5 Y5 Z50;

N0190 G40;

N0200 M05;

N0210　M30；

（7）程序的输入。

（8）试运行。

（9）对刀。

（10）加工。

第五篇　特种加工

第一章　特种加工简介

一、特种加工的定义

特种加工,亦称"非传统加工"或"现代加工方法",泛指用电能、热能、光能、电化学能、化学能、声能及特殊机械能等能量达到去除或增加材料的加工方法,从而实现材料被去除、变形、改变性能或被镀覆等。

二、特种加工的特点

特种加工与传统机械加工方法相比具有以下独到之处。

(1)加工范围不受材料物理、机械性能的限制,能加工任何硬的、软的、脆的、耐热或高熔点金属以及非金属材料。

(2)易于加工复杂型面、微细表面以及柔性零件。

(3)易获得良好的表面质量,热应力、残余应力、冷作硬化、热影响区等均比较小。

(4)各种加工方法易复合形成新工艺方法,便于推广应用。

三、特种加工的主要应用领域

(1)难加工材料,如钛合金、耐热不锈钢、高强钢、复合材料、工程陶瓷、金刚石、红宝石、硬化玻璃等高硬度、高韧性、高强度、高熔点材料。

(2)难加工零件,如复杂零件三维型腔、型孔、群孔和窄缝等的加工。

(3)低刚度零件,如薄壁零件、弹性元件等零件的加工。

(4)以高能量密度束流实现焊接、切割、制孔、喷涂、表面改性、刻蚀和精细加工。

四、特种加工的分类

一般按能量形式和作用原理分类。

(1)按电能与热能作用方式分为电火花(Electrical Discharge Marchining, EDM)、线切割(Wire Electrical Machining, WEDM)、电子束(Electron Beam Melting, EBM)、等离子PAM。

(2)按电能与化学能作用方式分为电解(Electro Chemical Machining, ECM)、电铸、电刷镀。

(3)按电化学能与机械能作用方式分为电解磨削(Electro Chemical Grinding, ECG)、电解珩磨(Electro Chemical Honing, ECH)。

（4）按声能与机械作用能作用方式分为超声波加工（Ultrasonic Machining，USM）。

（5）按光能与热能作用方式分为激光加工（Laser Beam Machining，LBM）。

（6）按电能与机械作用能作用方式分为离子束加工（Ion Bean Machining，IM）。

（7）按液流能与机械作用能：挤压珩磨 AFH、水射流（Water Jet Cuting，WJC）。

第一节　电火花加工技术

一、原理

电火花加工是利用浸在工作液中的两极间脉冲放电时产生的电蚀作用蚀除导电材料的特种加工方法，又称放电加工或电蚀加工。

二、电火花加工的特点

（一）电火花加工速度与表面质量

模具的电火花加工一般会采用粗、中、精分档加工方式。粗加工采用大功率、低损耗，而中、精加工电极损耗相对大，但一般情况下中、精加工余量较少，因此电极损耗也极小，可以通过加工尺寸控制进行补偿，或在不影响精度要求时予以忽略。

（二）电火花碳渣与排渣

电火花加工在产生碳渣和排除碳渣平衡的条件下才能顺利进行。实际中往往以牺牲加工速度去排除碳渣，例如在中、精加工时采用高电压、大休止脉波等。另一个影响排除碳渣的因素是加工面形状复杂，使排屑路径不畅通。唯有积极开创良好的排除条件，对症采取一些方法处理。

（三）电火花工件与电极相互损耗

电火花机放电脉波时间长，有利于降低电极损耗。电火花机粗加工一般采用长放电脉波和大电流放电，加工速度快电极损耗小。在精加工时，小电流放电必须减小放电脉波时间，这样不仅加大了电极损耗，也大幅度降低了加工速度。

三、用途

按照工具电极的形式及其与工件之间相对运动的特征，可将电火花加工方式分为五类：

（1）利用成型工具电极，相对工件做简单进给运动的电火花成型加工；

（2）利用轴向移动的金属丝作工具电极，工件按所需形状和尺寸做轨迹运动，以切割导电材料的电火花线切割加工；

（3）利用金属丝或成型导电磨轮作工具电极，进行小孔磨削或成型磨削的电火花磨削；

（4）用于加工螺纹环规、螺纹塞规、齿轮等的电火花共轭回转加工；

（5）小孔加工、刻印、表面合金化、表面强化等其他种类的加工。

第二节　电化学加工技术

一、原理

利用电化学反应（或称电化学腐蚀）对金属材料进行加工的方法。与机械加工相比，电化学加工不受材料硬度、韧性的限制，已广泛用于工业生产中。

二、分类

常用的电化学加工有电解加工、导电磨削（又称电解磨削）、电化学抛光（又称电解抛光）、电镀、电刻蚀（又称电解刻蚀）和电解冶炼。

（一）电解加工

电解加工是基于电解过程中的阳极溶解原理并借助于成型的阴极，将工件按一定形状和尺寸加工成型的一种工艺方法，称为电解加工。其加工系统如图所示。为了能实现尺寸、形状加工，还必须具备下列特定工艺条件。

（1）工件阳极和工具阴极（大多为成型工具阴极）间保持很小的间隙（称作加工间隙），一般在 0.1~1 mm。

（2）电解液从加工间隙中不断高速（6~30 m/s）流过，以保证带走阳极溶解产物和电解电流通过电解液时所产生的热量，并去极化。

（3）工件阳极和工具阴极分别和直流电源（一般为 10~24 V）连接，在上述两项工艺条件下，通过两极加工间隙的电流密度很高，高达 10~100 A/cm² 数量级。

（二）导电磨削

导电磨削又称电解磨削，是电解作用和机械磨削相结合的加工过程。导电磨削时，工件接在直流电源的阳极上，导电的砂轮接在阴极上，两者保持一定的接触压力，并将电解液引入加工区。当接通电源后，工件的金属表面发生阳极溶解并形成很薄的氧化膜，其硬度比工件低得多，容易被高速旋转的砂轮磨粒刮除，随即形成新的氧化膜，然后又被砂轮磨去。如此进行，直至达到加工要求为止。

（三）电化学抛光

电化学抛光又称电解抛光，是直接应用阳极溶解的电化学反应对机械加工后的零件进行再加工，以提高工件表面的粗糙度。电解抛光比机械抛光效率高，精度高，且不受材料硬度和韧性的影响,有逐渐取代机械抛光的趋势。电解抛光的基本原理与电解加工相同,但电解抛光的阴极是固定的,极间距离大(1.5~200 mm),去除金属量少。电解抛光时,要控制适当的电流密度。电流密度过小时金属表面会产生腐蚀现象,且生产效率低;当电流密度过大时,会发生氢氧根离子或含氧的阴离子的放电现象,且有气态氧析出,从而降低了电流效率。

(四)电镀

电镀是用电解的方法将金属沉积于导体(如金属)或非导体(如塑料、陶瓷、玻璃钢等)表面,从而提高其耐磨性,增加其导电性,并使其具有防腐蚀和装饰功能。对于非导体制品的表面,需经过适当地处理(用石墨、导电漆、化学镀处理,或经气相涂层处理),使其形成导电层后,才能进行电镀。电镀时,将被镀的制品接在阴极上,要镀的金属接在阳极上。电解液是用含有与阳极金属相同离子的溶液。通电后,阳极逐渐溶解成金属正离子,溶液中有相等数目的金属离子在阴极上获得电子随即在被镀制品的表面上析出,形成金属镀层。例如在铜板上镀镍,以含硫酸镍的水溶液作电镀液。通电后,阳极上的镍逐渐溶解成正离子,而在阴极的铜板表面上不断有镍析出。

第三节　三束加工

三束加工指激光束加工、电子束加工、离子束加工三种方式。

一、激光加工技术

(一)激光加工的原理

激光加工是激光系统最常用的应用。根据激光束与材料相互作用的机理,大体可将激光加工分为激光热加工和光化学反应加工两类。激光热加工是指利用激光束投射到材料表面产生的热效应来完成加工过程,包括激光焊接、激光切割、表面改性、激光打标、激光钻孔和微加工等;光化学反应加工是指激光束照射到物体,借助高密度高能光子引发或控制光化学反应的加工过程,包括光化学沉积、立体光刻、激光刻蚀等。

(二)激光加工的特点

由于激光具有高亮度、高方向性、高单色性和高相干性四大特性,因此就给激光加工带来一些其他加工方法所不具备的特性。由于它是无接触加工,对工件无直接冲击,因此无机械变形;激光加工过程中无"刀具"磨损,无"切削力"作用于工件;激光加工过程中,激光束能量密度高,加工速度快,并且是局部加工,对非激光照射部位没有或影响极小。因此,其热影响的区小、工件热变形小、后续加工最小;由于激光束易于导向、聚焦、实现方向变换,极易与数控系统配合对复杂工件进行加工。因此它是一种极为灵活的加工方法,生产效率高,加工质量稳定可靠,经济效益和社会效益好。

(三)激光加工的分类

激光加工分为激光切割、激光焊接、激光钻孔。

1.激光切割

激光切割技术广泛应用于金属和非金属材料的加工中,可大大减少加工时间,降低加工成本,提高工件质量。激光切割是应用激光聚焦后产生的高功率密度能量来实现的。与传统的板材加工方法相比,激光切割具有高切割质量、高切割速度、高柔性(可随意切割任意形状)、广泛材料适应性等优点。

激光焊接

2.激光焊接

激光焊接是激光材料加工技术应用的重要方面之一,焊接过程属于热传导型,即激光辐射加热工件表面,表面热量通过热传导向内部扩散,通过控制激光脉冲的宽度、能量、峰功率和重复频率等参数,使工件熔化,形成特定的熔池。由于其独特的优点,已成功应用于微、小型零件焊接中。与其他焊接技术比较,激光焊接的主要优点是:激光焊接速度快、深度大、变形小,能在室温或特殊的条件下进行焊接,焊接设备装置简单。

3.激光钻孔

激光可以加工 10 μm 左右的小孔。目前在世界范围内激光在电路板微孔制作和电路板直接成型方面的研究成为激光加工应用的热点,利用激光制作微孔及电路板直接成型与其他加工方法相比其优越性更为突出,具有极大的商业价值。

二、电子束加工技术

(一)电子束加工的基本原理

利用能量密度极高的高速电子细束,在高真空腔体中冲击工件,使材料熔化、蒸发、汽化,以达到加工目的。

(二)电子束的加工装置

电子束的加工装置主要由电子枪、真空系统、控制系统、电源系统等四部分组成。

(三)电子束加工的特点

电子束加工具有以下几方面特点:

(1)一种精密微细的加工方法;

(2)非接触式加工,不会产生应力和变形;

(3)加工速度很快,能量使用率可高达 90%;

(4)加工过程可自动化;

(5)在真空腔中进行,污染少,材料加工表面不氧化;

（6）电子束加工需要一整套专用设备和真空系统，价格较贵。

三、离子束加工技术

（一）离子束加工的基本原理

离子束加工是在真空条件下，先由电子枪产生电子束，再引入已抽成真空且充满惰性气体的电离室中，使低压惰性气体离子化。由负极引出阳离子又经加速、集束等步骤，最后射入工件表面。

（二）离子束加工的特点

离子束加工的主要特点如下：
（1）加工的精度非常高；
（2）污染少；
（3）加工应力、热变形等极小、加工精度高；
（4）离子束加工设备费用高、成本贵、加工效率低。

（三）离子束加工的分类

离子束加工依其目的可以分为蚀刻及镀膜两种。蚀刻又可在分为溅散蚀刻和离子蚀刻两种。离子在电浆产生室中即对工件进行撞击蚀刻，称为溅散蚀刻。产生电子使以加速之离子还原为原子而撞击材料进行蚀刻，称为离子蚀刻。

（四）离子束加工的应用

1. 蚀刻加工
蚀刻加工用于加工陀螺仪空气轴承和动压马达上的沟槽，分辨率高，精度、重复一致性好。其应用的另一个方面是蚀刻高精度图形，如集成电路、光电器件和光集成器件等电子学构件。此外还应用于减薄材料，制作穿透式电子显微镜试片。

2. 离子束镀膜加工
离子束镀膜加工有溅射沉积和离子镀两种形式。

离子镀可镀材料范围广泛，不论金属、非金属表面上均可镀制金属或非金属薄膜，各种合金、化合物或某些合成材料、半导体材料、高熔点材料亦可镀覆。

离子束镀膜技术可用于镀制润滑膜、耐热膜、耐磨膜、装饰膜和电气膜等。

离子束镀膜代替镀铬硬膜，可减少镀铬公害，提高刀具的寿命。

（五）离子束加工分类

（1）离子蚀刻或离子戏削：Ar 离子倾斜轰击工件，使工件表面原子逐个剥离。

（2）离子溅射沉积：Ar 离子倾斜轰击某种材料的靶，靶材原子被击出后沉淀在靶材附近的工件上，使之表面镀上一层薄膜。

（3）离子镀或离子溅射辅助沉积：它和离子溅射沉积的区别在于同时轰击靶材和工件，目的是为了增强膜材与工件基材之间的结合力。

（4）离子注入：较高能量的离子束直接轰击被加工材料，使工件表面层含有注入离子，改变了工件表面的化学成分，从而改变了工件表面层的物理、力学和化学性能，满足特殊领域的要求。

第四节　超声波加工技术

超声波加工（USM）是利用超声振动的工具在有磨料的液体介质中或干磨料中，产生磨料的冲击、抛磨、液压冲击及由此产生的气蚀作用来去除材料，以及利用超声振动使工件相互结合的加工方法。

一、超声波加工的原理

超声波加工技术是随着机械制造和仪器制造中各种脆硬材料（如玻璃、陶瓷、半导体、铁氧体等）和难以加工材料（如高温及难溶合金、硬质合金等）的不断出现而应用和发展起来的新加工方法。经过液体介质传播时，将以极高的频率压迫液体质点振动，连续形成压缩和稀疏区域产生液体冲击和空化现象，引起邻近固体物质分散、破碎等效应。超声波加工比电火花、电解加工的生产效率低，但加工精度和表面粗糙度比前者好，并且能加工半导体和非半导体。因此，当前国内模具行业一般先用电火花加工和半精加工，最后用超声波进行抛磨精加工。

二、超声波加工的特点

（1）适用于加工脆硬材料（特别是不导电的硬脆材料），如玻璃、石英、陶瓷、宝石、金刚石，各种半导体材料，淬火钢，硬质合金钢等。

（2）可采用比工件软的材料做成型状复杂的工具。

（3）去除加工余量是靠磨料瞬时局部的撞击作用，工具对工件加工表面宏观作用力小，热影响小，不会引起变形和烧伤，因此适合于薄壁零件及工件的窄槽、小孔。

213

第五节　化学加工

一、原理

化学加工是利用酸、碱或盐的溶液对工件材料的腐蚀溶解作用，以获得所需形状、尺寸或表面状态的工件的特种加工。

二、分类

化学加工主要分为化学铣削、光化学加工和化学表面处理三种

（一）化学铣削

化学铣削是把工件表面不需要加工的部分用耐腐蚀涂层保护起来,然后将工件浸入适当成分的化学溶液中,露出的工件加工表面与化学溶液产生反应,材料不断地被溶解去除。工件材料溶解的速度一般为 0.02～0.03 毫米 / 分,经一定时间达到预定的深度后,取出工件,便获得所需要的形状。

化学铣削的工艺过程包括工件表面预处理、涂保护胶、固化、刻型、腐蚀、清洗和去保护层等工序。保护胶一般用氯丁橡胶或丁基橡胶等;刻型一般用小刀沿样板轮廓切开保护层,并使之剥除。

化学铣削适合于在薄板、薄壁零件表面上加工出浅的凹面和凹槽,如飞机的整体加强壁板、蜂窝结构面板、蒙皮和机翼前缘板等。化学铣削也可用于减小锻件、铸件和挤压件局部尺寸的厚度以及蚀刻图案等,加工深度一般小于 13 mm。

化学铣削的优点是工艺和设备简单、操作方便和投资少,缺点是加工精度不高,一般为 $\pm(0.05～0.15)$mm;而且在保护层下的侧面方向上也会发生溶解,并在加工底面和侧面间形成圆弧状,难以加工出尖角或深槽;化学铣削不适合于加工疏松的铸件和焊接的表面。随着数字控制技术的发展,化学铣削的某些应用领域已被数字控制铣削所代替。

（二）光化学加工

光化学加工是照相复制和化学腐蚀相结合的技术,在工件表面加工出精密复杂的凹凸图形,或形状复杂的薄片零件的化学加工法。它包括化学冲切（或称化学落料）、化学雕刻、等。光刻和照相制版其加工原理是先在薄片形工件两表面涂上一层感光胶;再将两片具有所需加工图形的照相底片对应地覆置在工件两表面的感光胶上,进行曝光和显影,感光胶受光照射后变成耐腐蚀性物质,在工件表面形成相应的加工图形;然后将工件浸入化学腐蚀液或对工件喷射化学腐败液,由于耐腐蚀涂层能保护其下面的金属不受腐蚀溶解,从而可获得所需要的加工图形或形状。

光化学加工的用途较广。其中化学冲切主要用于各种复杂微细形状的薄片（厚度一般为 0.025～0.5 mm）零件的加工,特别是对于机械冲切有困难的薄片零件更为适合。这种方法可用于制造电视机显像管障板（每平方厘米表面有 5 000 个小孔）、薄片弹簧、精密滤网、微电机转子和定子、射流元件、液晶显示板、钟表小齿轮、印刷电路、应变片和样板等。化学雕刻主要用于制作标牌和面板。光刻主要用于制造晶体管、集成电路或大规模集成电路。照相制版主要用于生产各种印刷版。

（三）化学表面处理

化学表面处理包括酸洗、化学抛光和化学去毛刺等。工件表面无须施加保护层,只要将

工件浸入化学溶液中腐蚀溶解即可。

酸洗主要用于去除金属表面的氧化皮或锈斑。化学抛光主要用于提高金属零件或制品的表面光洁程度。化学去毛刺主要用于去除小型薄片脆性零件的细毛刺。

限于篇幅、大纲要求及工程训练中心条件，以下篇幅只详细介绍电火花线切割。

第二章　数控电火花线切割

电腐蚀现象早在 20 世纪初就被人们发现,例如在插头或电器开关触点开、闭时,往往产生火花而把接触表面烧毛,腐蚀成粗糙不平的凹坑而逐渐损坏。长期以来,电腐蚀一直被认为是一种有害的现象,人们不断地研究电腐蚀的原因并设法减轻和避免电腐蚀的发生。

1940 年前后,前苏联科学院电工研究所拉扎连柯夫妇的研究结果表明,电腐蚀的主要原因是:电火花放电时火通道中瞬时产生大量的热,达到很高的温度,足以使任何金属材料局部熔化、汽化而被蚀除掉,形成放电凹坑。

一、电火花线切割的原理

电火花线切割加工的基本原理与电火花成型加工一样,也是利用工具电极对工件进行脉冲放电时产生的电腐蚀现象来进行加工的。但是,电火花线切割加工不需要制作成型电极,而是用运动着的金属丝(钼丝或铜丝)作电极,利用电极丝和工件在水平面内的相对运动切割出各种形状的工件。若使电极丝相对工件进行有规律的倾斜运动,还可以切割出带锥度的工件。工件接在脉冲电源的正极,电极丝接负极,如图 5.2.1 所示 。

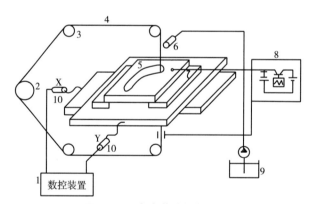

图 5.2.1　电火花线切割原理

1—数控装置;2—贮丝筒;3—导轮;4—电极丝;5—工件;
6—工作液供给装置;7—工作台;8—脉冲电源;9—工作液箱;10—步进电机

电火花线切割具有电火花加工的共性——"以柔克刚",常用来加工淬火钢和硬质合金,当前绝大多数的线切割机都采用数字程序控制,其工艺特点如下:

(1)适合加工于机械加工方法难于加工的材料,如淬火钢、硬质合金、耐热合金等;

(2)以金属线为工具电极,节约了电极设计和制造费用及时间,能方便地加工形状复杂的外形和通孔,能进行套料加工。

(3)冲模加工的凸凹模间隙可以任意调节。

（4）被加工材料必须导电。

（5）不能加工盲孔。

电火花线切割的加工过程如下。脉冲电源的正极接工件，负极接电极丝。电极丝以一定的速度往复运动，它不断地进入和离开放电区。在电极丝和工件之间注入一定量的液体介质。步进电动机带工作台和工件在水平面内的运动，电极丝和工件之间发生脉冲放电，通过控制电极丝和工件之间的相对运动轨迹和进给速度，就可以切割出具有一定形状和尺寸的工件。

二、电火花线切割机床

线切割机床按电极丝运动的线速度有高速走丝和低速走丝两种。电极丝运动速度在 8～10 m/s 的为高速走丝，常用的电极丝为钼丝，工作液为乳化液，例如 DK7725 型机床为高速走丝线切割机床。低于 0.2 m/s 的为低速走丝，常用的电极丝为铜丝，一般是一次性的，工作液为去离子水，其运丝稳定性好，加工精度高，表面质量好，但成本高，DK7632 型机床更为低速走丝线切割机床。我国常采用高速走丝线切割机床。

DK7725 型号的含义如图 5.2.2 所示。

（1）快走丝：5~12 m/s，代号为"7"；

（2）慢走丝：0.1~0.5 m/s，代号为"6"。

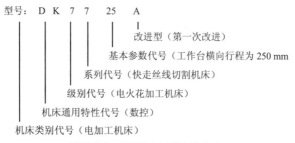

型号：D K 7 7 25 A

改进型（第一次改进）

基本参数代号（工作台横向行程为 250 mm

系列代号（快走丝线切割机床）

级别代号（电火花加工机床）

机床通用特性代号（数控）

机床类别代号（电加工机床）

图 5.2.2　DK7725 型号的含义

电火花线切割机床一般分为四大部分，如图 5.2.3 所示。包括脉冲电源、控制系统、机床本体及冷却循环系统。经济性好，但运丝稳定性差，加工精度相对较低，表面较粗糙。目前能达到的加工精度为 ±0.01 mm，表面粗糙度 Ra=3.2～0.8 μm。

控制系统

机床本体

冷却循环系统

脉冲电源

图 5.2.3　数控线切割机床

三、数控线切割工艺分析

（一）电火花线切割加工工艺路线确定

零件加工之前要仔细审查加工图纸，根据零件形状、尺寸、精度，做必要的工艺准备工作，定位夹紧设备的准备工作，并编制加工程序，进行程序校验。一切准备就绪后才能进行加工。加工后的零件经量具检验合格，才能称为成品。线切割加工流程如图 5.2.4 所示。

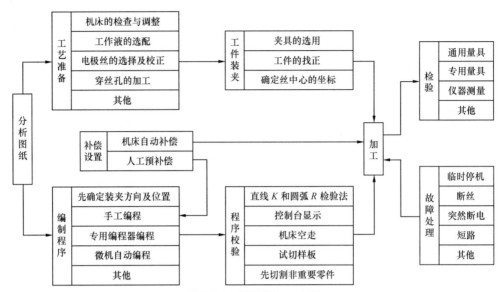

图 5.2.4　线切割加工流程

（二）分析图纸

分析图纸是保证工件质量和工件综合技术指标的第一步。

在零件图的工艺分析中,首先要挑出不能进行或不宜用线切割加工的工件,大致有以下几种。

（1）表面粗糙度和尺寸精度要求很高,切割后无法进行手工研磨的工件。

（2）窄缝小于电极丝直径加放电间隙的工件,或图形内拐角处不允许带有电极丝半径加放电间隙所形成的圆角的工件。

（3）非导电材料。

（4）厚度超过丝架跨距的零件。

（5）加工长度超过工作台拖板的有效行程长度且精度要求较高的工件。

（三）工艺路线的确定

1. 毛坯件的要求

锻打后的材料,在锻打方向与其垂直方向会有不同的残余应力;淬火后也会出现残余应力。加工过程中残余应力的释放会使工件变形,而达不到加工尺寸精度的要求,淬火不当的工件还会在加工过程中出现裂纹,因此,工件需经二次以上回火或高温回火。另外,加工前还要进行消磁处理并去除表面氧化皮和锈斑等。

例如,以线切割加工为主要工艺时,钢件的加工工艺路线一般为:下料—锻造—退火—机械粗加工—淬火与高温回火—磨加工（退磁）—线切割加工—钳工修整。

2. 工件加工基准的选择

为了便于线切割加工,根据工件外形和加工要求,应准备相应的校正和加工基准,并且此基准应尽量与图纸的设计基准一致,常见的有以下两种形式。

1）以外形为校正和加工基准

矩形工件一般需要有两个相互垂直的基准面，并垂直于工件的上、下平面，一般以外形为校正及加工基准。

2）以外形为校正基准，内孔为加工基准

外形不规则，内部有精度要求孔的工件，一般以内孔为加工基准，外形为校正基准。

3）穿丝孔的确定

按图 5.2.5 确定穿丝孔位置。

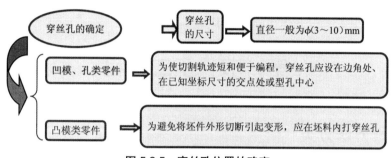

图 5.2.5 穿丝孔位置的确定

4. 正确选择起始点和切割路线

（1）应尽量安排从工艺孔开始加工，避免从坯件侧面开始；

（2）进给路线应配合工艺孔，并尽量从远离装夹位置的方向开始进行安排，最后回到靠近装夹处结束加工。

（3）加工轮廓的起点一般距离端面（侧面）大于 5 mm。

（4）在一块坯件上，需切割出两个或更多的零件时，应从不同工艺孔开始，不要连续通过破口一次性进行切割。

四、数控线切割加工参数选择

（1）切割速度：单位时间内电极丝中心线在工件上切过的面积总和。

快走丝 40~80 mm²/min；慢走丝可达 350 mm²/min。

（2）切割精度：快走丝线切割精度一般可达 ±（0.015～0.02）mm；慢走丝线切割精度可达 ±0.001 mm。

（3）表面粗糙度：快走丝线切割加工的表面粗糙度一般为 0.8～3.2 μm；

慢走丝线切割的 Ra 值可达 0.4 μm。

加工精度主要受机械传动精度的影响，其他影响因素还有线电极直径、放电间隙大小、工作液喷流量的大小和喷流角度。线切割中，切去的金属越多，越易造成工件材料的残余

第三章 数控线切割编程与加工实训

实训目的及要求：

（1）掌握手工编程的基础知识，编制简单图形的 3B 程序；

（2）掌握 5B 编程与 3B 编程的转换方法；

（3）学会 G 代码编程，并在实际加工中运用。

第一节 手工编程

一、编程方法分类

数控电火花线切割编程可分为手工编程和自动编程。手工编程是根据加工图纸按规定的代码编写加工程序。常见的编程格式有比较简单的 3B、4B、5B 格式，与数控车床、数控铣一样的 ISO 标准 G 代码编程，以及一些比较特殊机床生产厂家规定的特殊格式。当零件的形状复杂或具有非圆曲线时，手工编程的工作量大且容易出错，所以现在的数控线切割机床一般都具有多种自动编程功能，可以减少出错和保证加工精度，提高工作效率。

自动编程是通过一些 CAD\CAM 软件，把画好的零件图自动翻译成机床数控系统能识别的线切割加工程序。

各种编程方法如图 5.3.1 所示。

$$编程方法 \begin{cases} 手工编程 \begin{cases} 3B、4B、5B \\ ISO 标准 G 代码 \\ 各品牌机型专用的格式 \end{cases} \\ 自动编程 \quad YH、CAXA、AUTOP、MASTERCAM、UG、EIA \end{cases}$$

图 5.3.1　各种编程方法

二、编程相关知识

（一）公差尺寸的编程计算法——中差尺寸

中差尺寸是零件编程时的目标尺寸，即期望加工后零件真实尺寸为中差尺寸。但由于各种不可控因素会导致随机误差，零件实际尺寸是以中差尺寸为中心服从正态分布的。按中差尺寸加工能最大限度保证加工正品率。

$$中差尺寸 = 基本尺寸 + \left(\frac{上偏差 + 下偏差}{2}\right)$$

例 如槽 $32^{+0.04}_{+0.02}$ 的中差尺寸为 $32 + (\frac{0.04 + 0.02}{2}) = 32.03$；半径为 $8.5^{0}_{-0.02}$ 的中差尺寸为 $8.5 + (\frac{0 - 0.02}{2}) = 8.49$；直径为 $\phi 24.5^{0}_{-0.24}$ 的中差尺寸为 $24.5 + (\frac{0 - 0.24}{2}) = 24.38$，其半径的中差尺寸 $24.38/2 = 12.19$。

（二）间隙补偿量 f

1. 确定电极丝轨迹

因为电极丝直径及放电间隙的原因，电极丝运动轨迹和零件外轮廓是不一样的，如图 5.3.2 所示。

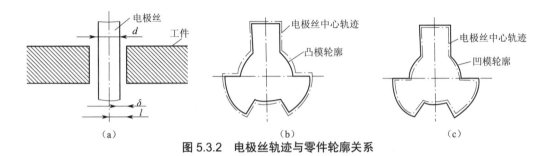

图 5.3.2　电极丝轨迹与零件轮廓关系

电极的轨迹与加工面距离

$$1 = d/2 + \delta$$

零件凹角半径

$$R_1 \geqslant d/2 + \delta \qquad (5.3.1)$$

零件尖角半径

$$R_2 = R_1 - Z/2 \qquad (5.3.2)$$

式中　Z——凸模、凹模配合间隙。

只有电极丝按照电极丝轨迹加工才能加工出合格零件。零件图到电极丝轨迹图上对应点的偏移距离，叫作间隙补偿量 f，如图 5.3.3 所示。

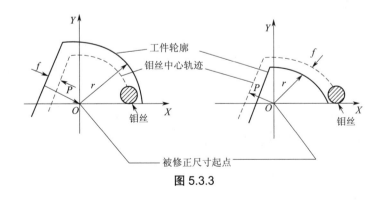

图 5.3.3

2. 间隙补偿量的确定方法

1）判定 $\pm f$ 的方法

当考虑电极丝中心轨迹后，其圆弧半径比原图形半径增大时取 $+f$，否则半径减小时取 $-f$；对于直线段，当考虑电极丝中心轨迹后，使该直线段的法线长度 P 增加时取 $+f$，减小时则取 $-f$。加工凹模时，钼丝中心轨迹在轮廓线内，故间隙补偿量取负值（$-f$）；反之，加工凸模时间隙补偿量取正值（$+f$）。

2）间隙补偿量的算法

加工冲模的凸、凹模时，应考虑电极丝半径 $r_丝$、电极丝和工件之间的单边放电间隙 $\delta_电$ 及凸模和凹模间的单边配合间隙 $\delta_配$。

我们知道冲裁模包括冲孔模与落料模两种。这里要注意的是：

当加工冲孔模具时（即冲后要求工件保证孔的尺寸），凸模尺寸由孔的尺寸确定，即以凸模为准，凸模尺寸等于图纸尺寸，故凸模的间隙补偿量

$$f_凸 = r_丝 + \delta_电 \qquad\qquad (5.3.3)$$

而配合间隙 $\delta_配$ 在凹模上扣除，因此凹模的间隙补偿量

$$f_凹 = r_丝 + \delta_电 - \delta_配 \qquad\qquad (5.3.4)$$

当加工落料模时（即冲后要求保证冲下的工件尺寸），凹模尺寸由工件的尺寸确定。因 $\delta_配$ 在凸模上扣除，故凸模的间隙补偿量

$$f_凸 = r_丝 + \delta_电 - \delta_配 \qquad\qquad (5.3.5)$$

凹模的间隙补偿量

$$f_凹 = r_丝 + \delta_电 \qquad\qquad (5.3.6)$$

Ⅰ. 电极丝和工件之间的单边放电间隙 $\delta_电$

如果采用高走丝线切割机床加工，则单边放电间隙常取定值 0.01 mm；若使用低走丝线切割机床加工，应根据加工精度（粗、精加工）要求而定，可参照使用设备的说明书给出。

Ⅱ. 单边冲裁间隙 $\delta_配$ 的计算

单边冲裁间隙大小与冲压件的厚度（T）有关，一般取冲压件厚度（T）的 4%，即

$$\delta_配 = T \times 4\%$$

3. 间隙补偿量的实例

5.3.1 例，编制加工图 5.3.2（b）和（c）所示零件的凸模和凹模程序时，首先进行间隙补偿量的计算。该模具是冲孔模，冲裁工件厚度 T 为 1 mm，在高走丝线切割机床上加工。其钼丝直径 ϕ 为 0.14 mm。

解 （1）中差计算。

$$中心距尺寸 = 14 + \left(\frac{0.01 - 0.01}{2}\right) = 14$$

$$半径尺寸 = 5.8 + \left(\frac{0.01 - 0.01}{2}\right) = 5.8$$

（2）由于采用高走丝割机，故放电间隙 $\delta_电 = 0.01$ mm

（3）$T = 1$ mm，

$$\delta_{配} = T \times 4\% = \delta_{配} = 1 \times 4\% = 0.04 \text{ mm}$$

（4）因为该模具是冲孔模，凸模尺寸与零件的尺寸相一致，

凸模间隙补偿量 $f_{凸} = r_{丝} + \delta_{电} = \dfrac{d_{丝}}{2} + \delta_{电} = 0.14/2 + 0.01 = 0.08$ mm

凹模的间隙补偿量 $f_{凹} = -(r_{丝} + \delta_{电}) + \delta_{配} = -0.08 + 0.04 = -0.04$ mm

加工凹模时，间隙补偿量取负值（-f），图中虚线表示电极丝中心轨迹。若采用 3B 编程要进行交点计算，此图与 X 轴上下对称，与 Y 轴左右对称。

三、3B 基本格式手工编程

3B 基本格式见表 5.3.1。

表 5.3.1　3B 基本格式

B	X	B	Y	B	J	G	Z
分隔符	X坐标值	分隔符	Y坐标值	分隔符	计数长度	计数方向	加工指令

（一）分隔符号（B）

因为 X、Y、J 均用数码（即数字）表示，所以用分隔符（B）将它们隔开，避免混淆。

（二）各参数值的填写

1. 坐标值 X、Y

X、Y 表示坐标值；对于直线加工，即直线的终点坐标值或圆弧的起点坐标值，单位为 μm。

以直线的起点为原点，建立直角坐标系，Y 表示直线终点坐标的绝对值。加工每条直线都重新建立以新的直线为起点的坐标系，可理解为相对于前一起点的相对坐标值。

若直线与 X 轴或 Y 轴重合，则 X、Y 的值均可写为 0。

对于圆弧加工，以圆弧的圆心为原点，建立正常的直角坐标系，x，y 表示圆弧起点坐标的绝对值，单位为 μm。如在图 5.3.4（a）中，x = 30 000，y = 40 000；在图（b）中，x = 40 000，y = 30 000。

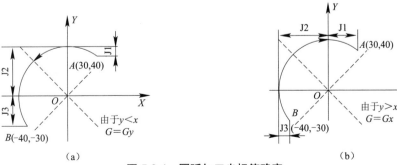

图 5.3.4　圆弧加工坐标值确定

223

2. 计数长度 J

J 表示计数长度。加工线段在计数方向轴上的投影值的和，单位为 μm。由线段的终点坐标值中较大的值来确定；数控系统据此判断加工直线或圆弧的长度。

J 的大小：G = GX 为将直线向 X 轴投影得到长度的绝对值；G = GY 为将直线向 Y 轴投影得到长度的绝对值。

圆弧编程中 J 的取值方法为：由计数方向 G 确定投影方向，若 G = Gx，则将圆弧向 X 轴投影；若 G = Gy，则将圆弧向 Y 轴投影。J 为各个象限圆弧投影长度绝对值的和。如在图 5.3.4（a）和（b）中，J1、J2、J3 分别如图中所示，J = |J1| + |J2| + |J3|。 在图 5.3.5（b）中计数长度 J 为 25 440 μm。

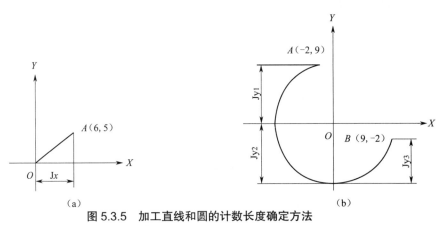

（a） （b）

图 5.3.5 加工直线和圆的计数长度确定方法

（a）OA 直线段：J = Jx = 6 000 （b）OA 曲线段：J = Jy1+Jy2+Jy3 =25 440

3. 计数方向 G

计数方向 G（有 GX 和 GY 两种）。无论是直线还是曲线都以终点为界定，直线取大值，曲线取小值，此方法为终点判定法。

以直线的起点为原点，建立直角坐标系，取该直线终点坐标绝对值大的坐标轴作为计数方向。如果坐标绝对值相等，那么线段在一、三象限 G = Gy，线段在二、四象限 G = Gx。

如果加工圆弧，则相反，如图 5.3.6（e）所示。

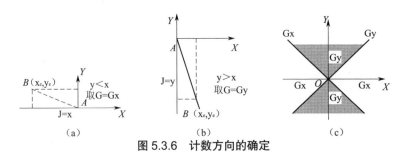

（a） （b） （c）

图 5.3.6 计数方向的确定

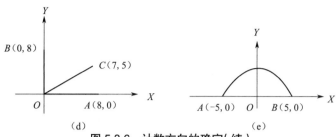

图 5.3.6 计数方向的确定(续)

(d)水平线:OA G 取 GX = 8 000 OC Gx = 5 000 (e) 曲线 AB 圆弧:OC Gy = 5 000 + 5 000 = 10 000

4. 加工指令 Z

加工指令 Z 按照直线走向和终点的坐标不同可分为 L1、L2、L3、L4,如图 5.3.7(a);相对于起点位置的终点方向决定用什么指令。与 +X 轴重合的直线算作 L1,与 −X 轴重合的直线算作 L3,与 +Y 轴重合的直线算作 L2,与 −Y 轴重合的直线算作 L4,如图 5.3.7(b)所示。

图 5.3.7 直线指令的确定

2/ 圆

顺时针加工圆弧,即(简称顺图)指令:SR1、SR2、SR3、SR4 。

逆时针加工圆弧,即(简称逆图)指令:NR1、NR2、NR3、NR4。

相对于圆心,起点位置所在的象限决定指令最后一位数字,如图 5.3.8 所示。

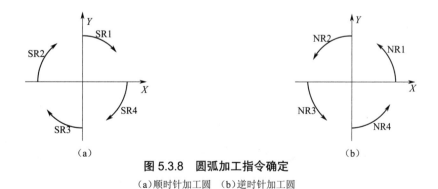

图 5.3.8 圆弧加工指令确定

(a)顺时针加工圆 (b)逆时针加工圆

(三)编程实例

例 5.3.1 3B 编程实例 1,如图 5.3.9 所示。

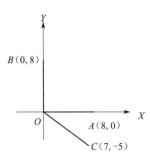
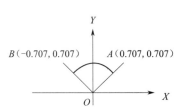

图 5.3.9　3B 编程实例 1

水平线 OA：B8000 B B8000 GX L1

垂直线 OB：B B8000 8000 GY L2

斜线 OC：B7000 B5000 B7000 GX L4

曲线 AB 圆弧：B707 B 707 B1414 GX NR1 或 B707 B 707 B586 GY NR1

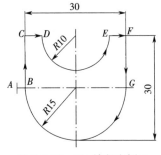

例 5.3.2　3B 编程实例，如图 5.3.10 所示。（N000 等指令标明程序行号，对加工无意义）

加工路线：

$$A \rightarrow B \rightarrow C \rightarrow D \rightarrow E \rightarrow F \rightarrow G \rightarrow B \rightarrow A$$

N000　B B B2000 GX L1（X 坐标省略 AB）

N001　B B B15000 GY L2（y 坐标省略 BC）

N002　B B B5000 GX L1（X 坐标省略 CD）

N003　B10000 B B20000 GY NR3（逆圆 3 加工圆弧 DE）

图 5.3.10　3B 编程实例 2

N004　B B B5000 GX L1（X 坐标省略 EF）

N005　B B B15000 GX L4（y 坐标省略 FG）

N006　B 15000B B30000 GY SR1（相对圆心，起点在第一象限，故用 SR1 加工 GB）

N007　B B B2000 GX L3（BA）

N008　DD（程序结束）

四、5B 基本格式编程

5B 基本格式见表 5.3.2。

表 5.3.2　5B 基本格式

B	X	B	Y	B	J	B	G	B	Z
分隔符	X 坐标值	分隔符	Y 坐标值	分隔符	计数长度	分隔符	计数方向	分隔符	加工指令

（一）3B 与 5B 的异同

（1）B、X、Y、J 的标注、判定方法同 3B 基本格式。

（2）计数方向 G：G 方向只有两个：一个是 GX 方向，另一个是 GY 方向，5B 格式中分别用"0"或"1"表示。

（3）加工指令 3B 基本格式中（图 5.3.11）。

直线 L 用"1"表示，加工指令为：11、12、13、14。

顺圆 SR 用"2"表示，加工指令为：21、22、23、24。

逆圆 NR 用"3"表示，加工指令为：31、32、33、34。

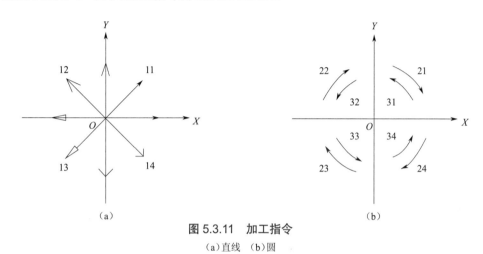

图 5.3.11　加工指令

（a）直线　（b）圆

（二）5B 编程实例

图 5.3.10 所示零件的 5B 程序如下。

加工路线：

$A \to B \to C \to D \to E \to F \to G \to B \to A$

000　B B B2000 B B 11

001　B B B15000 B1 B12

002　B B B5000 B B11

003　B10000 B B20000 B1 B33

004　B B B5000 B B11

005　B B B15000 B B14

006　B 15000B B30000 B1 B21

007　B B B2000 B B13

008　DD

（三）ISO 代码基本格式

该代码就是第四篇数控车削铣削编程中的 ISO 代码。根据线切割的特殊性，又重新定义并添加了以下极个别的指令：G27 表示取消锥度，G28、G29 表示钼丝向左、右倾斜角度（锥度）加工，A 表示锥孔的角度，T84 表示开冷却液，T85 表示关冷却液，T86 表示开走丝，

T87 表示关走丝。

例 5.3.3 ISO 代码手工编程实例。

左锥度加工如图 5.3.12 所示 ISO 代码程序如下。

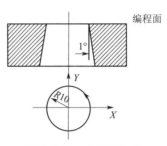

图 5.3.12 左锥度加工

N10 T84 T86 G90 G92X0.000Y0.000;　　开冷却液,开走丝,绝对坐标,当前点坐标为(0,0)

N12 G01 X9.900 Y0.000;　　直线,终点坐标为(9.9,0)

N14 G28 A1.000;　　左锥度加工,斜角为 1°

N16 G03 X9.900 Y0.000 I-9.900 J0.000;逆圆,终点(9.9,0),圆心对起点(-9.9,0)

N18 G27;　　锥度关

N20 G01 X0.000 Y0.000;　　直线,终点(0,0)

N22 T85 T87 M02;　　关冷却液,关走丝,程序结束

第二节　微机自动编程

在线切割自动编程方面,目前有的配置有专用的编程机,有的采用通用的 PC 微机,有的采用编程与控制一体化的机床结构形式。有的是编程与控制分离,有的是电缆传送程序,还有的只有手动、纸带(磁带)方式编入程序。

从前述章节编程过程可以知道,线切割加工用的数控程序,不论是 3B、5B,还是 ISO 程序格式,都是由一些特定的字母和数字按照一定的规律组合而成的。这些字母的出现都是有规律可循的,而数字则都是构成加工轮廓图形的基本线、圆基点的坐标值。编程的实质,主要就是要想方设法求出这些基点的坐标值。无论是手工编程还是自动编程,无论是语言式、人机会话式还是绘图式,微机自动编程系统首先要给计算机进行几何图素的描述(图形输入),由计算机构建这些图素的方程,然后按切割顺序解方程求交点(交点基点),最后再编制生成并输出控制加工该零件的数控程序。

一、CAXA 软件编程

(一)CAXA 线切割 V2 的特点

CAXA 线切割 V2 微机编程软件是建立在 CAD 平台——"CAXA 电子图板"基础上的,用图形交互方式输入,直观、方便、快捷。

(二)CAXA 线切割 V2 的基本功能

1. 绘制各种图形:能绘制直线和圆弧构成的各种图形,也能绘制椭圆、正多边形、齿轮、花键、列表曲线以及公式曲线等。

2. 生成轨迹:用绘出的各种图形来生成线切割加工轨迹,之后可以在屏幕上进行模拟切割加工(轨迹仿真)。

3. 编出数控程序:根据需要,使用生成的线切割加工轨迹可以编出 3B、4B 或 ISO 代码。

4. 编出的程序可以打印出程序单,可以用软盘输出,也可以采用同步传输、应答传输、串口传输或纸带穿孔输出。

5. 直接用于加工:软件装在数控线切割机床的计算机上,可以直接加工。(软件不再介绍,有兴趣可以自学)。

二、CAXA 线切割 V2 编程实例

在绘图及编写程序时,该软件提供了两种方法:一种是使用各种图标菜单;另一种是使用下拉菜单。图标菜单使用起来简单一些,但需要事先记住每一个图标的功能,下拉使用文字,很直观。

(一)绘图

绘图要考虑切割方向、间隙补偿量 f、凸模或凹模不同的补偿方向、穿丝点或丝的起始点位置以及丝的退出点(丝最终到达点)的位置等等,生成切割加工时钼丝的中心轨迹。线切割轨迹生成参数表见表 5.3.3。

表 5.3.3 线切割轨迹生成参数

线切割轨迹生成参数表		X
切割参数	偏移量 / 补偿量	
切入方式		
( )直线	(●)垂直	( )指定切入点
加工参数		
轮廓精度 =(0.1)		支撑宽度 =(0)
切割次数 =(1)		锥度角度 =(0)
补偿实现方式		

（●）轨迹生成时自动实现补偿	（　）后置时机床实现补偿
拐角过渡方式	样条拟合方式
（●）尖角（　）圆弧	（　）直线（●）圆弧
请在"偏移量/补偿量"一项中指定切割的偏移量和补偿量	

	确定	取消

（2）代码生成

1. 生成 3B 程序

在下拉菜单中单击"线切割"项，弹出线切割菜单。单击"生成 3B 代码"项，弹出"生成 3B 加工代码"对话框，若要把文件存在 C 盘，单击上部的▼，再单击"C"；在文件名之后，输入 10103B，单击"保存"按钮，生成的线切割轨迹就存在 C 盘上了，对话框关闭。立即菜单应为 1：指令校验格式、2：显示代码、3：停机码格式 DD、4：暂停码 D，提示拾取加工轨迹时，移动光标单击图形上的任意一条加工轨迹后，再按鼠标右键，屏幕上显示出文件名为 10103B.3B 的程序单，切割起始点。并可打印或输出。

2. 生成 ISO 代码程序

生成该图形 ISO 代码程序的方法为：在轨迹生成后，单击下拉菜单中的"线切割"项，在弹出的菜单中，单击"生成 G 代码"后，弹出"生成机床 G 代码"对话框，选 C 盘，在文件名后输入 1010ISO，单击"保存"按钮，提示拾取加工轨迹时，用鼠标左键单击图形上加工轨迹中的某线段，再按鼠标右键，屏幕上显示出该图形的 ISO 代码，可将其打印或输出。

三、5.AUTOP 编程系统

AUTOP 是中文交互式图形线切割自动编程软件，它采用鼠标器进行图形操作，全中文会话，操作者不需要学习任何语言，也不需要书写任何语言，没有大、小、内、外、左、右、上、下的概念，只要看懂零件图纸，就可以编出数控线切割程序。

AUTOP 有丰富的集成菜单，自动处理刀偏和尖点，可以处理各种跳步模和跳步暂停码，可编制 3B、LRB 和 ZXY 格式数控程序，具有完整的打印和图形输出功能，能与数控机床联机通信。

（一）AUTOP 主菜单

（1）数控程序：进入数控程序菜单，进行数控程序处理。

（2）列表曲线：进入列表曲线菜单，处理各种列表曲线。

（3）字处理：进入字处理环境，对文件进行字处理。

（4）调磁盘文件：将磁盘上的一个图形数据文件调入计算机内存。

（5）打印机：用打印机输出图形数据、数控程序和打印图形。

（6）查询功能：用光标查询点、线、圆和圆弧的几何坐标参数。

（7）上一屏图形：恢复使用窗口或缩放之前的图形画面。

（8）变改文件名：改变当前文件名称。

（9）数据存盘：将图形数据存盘，以便今后使用。

（10）退出系统：退出 AUTOP 图形状态。

（二）AUTOP 操作入门

为快速掌握该系统编程方法，下面以一个简单的零件为例让大家对 AUTOP 编程有一个基本的认识，当拿到如图 5.3.13 所示的零件时，首先要分析图形轮廓线条的种类及其相对位置关系，在图形上建立坐标系。

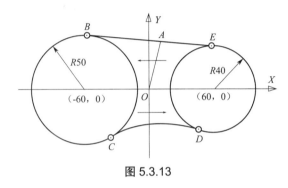

图 5.3.13

1. 分析：圆弧 BC 和 DE 为已知圆。圆弧 CD 为 R100 的过渡弧，直线 BE 为圆公切线，这些通过绘图作出。

切割路线：

$$O \rightarrow A \rightarrow B \rightarrow C \rightarrow D \rightarrow E \rightarrow A \rightarrow f \rightarrow O。$$

2. 操作步骤

（1）绘图。类似于 Auto CAD，此处略。

（2）数控程序自动生成与输出。AUTOP 系统在完成交互式图形输入之后，可以自动地排出钼丝走刀路线，具有间隙补偿、旋转加工、镜像加工、阵列加工和齿轮加工功能，并可以自动处理成 3B、5B 和 ZXY 格式数控程序，可以任意设置起始/终止对刀点。这些程序可以全屏显示，也可以储存在软盘上，还可以打印和联机通信传送。